高职高专"十二五"规划教材

基于任务驱动模式的 Photoshop 应用设计教程

主 编 黄利红 郑治武 曾 琴

副主编 熊登峰 周海珍 左国才

唐玲林 左向荣 刘 群

主 审 王 雷

西安电子科技大学出版社

内 容 简 介

本书以基础知识和案例结合的方式，全面介绍了 Photoshop 的基本操作方法、图形图像处理技巧及该软件在各个领域中的应用。

本书主要介绍了图像处理基础与选区应用、绘制与编辑图像、路径与图形、调整图像的色彩与色调、应用文字与图层、使用通道与滤镜等知识，同时还介绍了 Photoshop 在各个领域中的应用，包括插画设计、照片模板设计、卡片设计、宣传单设计、海报设计、广告设计和网页设计等。

本书层次分明，实例丰富，图文并茂，适合作为高等职业院校计算机类课程的教材，也可供相关人员自学参考。

图书在版编目(CIP)数据

基于任务驱动模式的 Photoshop 应用设计教程/黄利红，郑治武，曾琴主编.
—西安：西安电子科技大学出版社，2015.7(2017.7 重印)
高职高专"十二五"规划教材
ISBN 978–7–5606–3640–5

Ⅰ. ① 基… Ⅱ. ① 黄… ② 郑… ③ 曾… Ⅲ. ① 图像处理软件—高等职业教育—教材
Ⅳ. ① TP391.41

中国版本图书馆 CIP 数据核字(2015)第 054645 号

策　　划	杨丕勇
责任编辑	雷鸿俊　杨丕勇
出版发行	西安电子科技大学出版社(西安市太白南路 2 号)
电　　话	(029)88242885　88201467　　邮　编　710071
网　　址	www.xduph.com　　　　电子邮箱　xdupfxb001@163.com
经　　销	新华书店
印刷单位	陕西天意印务有限责任公司
版　　次	2015 年 7 月第 1 版　　2017 年 7 月第 2 次印刷
开　　本	787 毫米×1092 毫米　1/16　印　张　9.5
字　　数	219 千字
印　　数	3001～6000 册
定　　价	25.00 元

ISBN 978–7–5606–3640–5/TP

XDUP 3932001–2

如有印装问题可调换

致　谢

在本书的完成过程中，得到了湖南软件职业学院领导以及西安电子西安电子科技大学出版社领导和专家们的大力支持与热心帮助，在此表示衷心感谢。

本书的出版还得到了省教育厅课题(No.13K041、No.14C0617)、湖南省职业院校教育教学改革研究项目(ZJB2013045)、湖南软件职业学院院级教学改革研究项目(JY1302)、院级精品课程建设项目(KC1302)等部分资助；本书参考了国内外有关单位和个人的研究成果的部分内容，多数已在参考文献中列出，在此也一并表示感谢。

另外，本书内容主要基于编者多年合作研究成果整理而成，由于编者水平有限，虽然几经修改，但书中可能仍然存在一些疏漏与不足之处，敬请读者、专家以及同行朋友们批评指正，在此先行表示感谢。

前　言

　　Photoshop 是 Adobe 公司旗下最为出名的图像处理软件之一，它集图像扫描、编辑修改、动画制作、图像制作、广告创意、图像输入与输出于一体，深受广大平面设计人员和电脑美术爱好者的喜爱。Adobe Photoshop 是一款专业的图形图像处理和编辑的软件，其强大的功能，为图像处理和制作带来了极大的方便，能有效帮助设计师进行方便、快捷的创作，并应用于数码照片的后期处理、平面设计、特效等众多领域。

　　本书内容丰富，讲解细致，详细讲解了 Photoshop 基础入门、图像的基本操作、图像的修饰技术、选区、颜色填充与图像的绘制、路径的绘制与编辑、图层及图层的高级应用、颜色与色调调整、颜色的高级调整、蒙版与通道、文字工具、滤镜、动作与自动化等应用和操作，使读者全方位地了解和掌握 Photoshop 各个方面的知识点。最后通过平面广告制作、网页设计等综合案例将各知识点融会贯通，以巩固提高，从而加深用户对知识的理解和记忆。

　　本书的主要特点如下：

　　● 由浅入深，循序渐进。考虑到初学者的实际阅读和制作的需要，对章节的安排由浅入深，并循序渐进地安排了学习的内容。

　　● 边学边练，学以致用。本书每一章都充分地讲解了 Photoshop 的详细内容及操作，使读者可以边学边练，学以致用。

　　本书由黄利红、郑治武、曾琴担任主编，熊登峰、周海珍、左国才、唐玲林、左向荣、刘群担任副主编。由于编者水平有限，本书在操作步骤、效果及文字表述方面可能还存在着一些不尽如人意之处，希望广大读者批评指正，并多提宝贵意见。

编　者

2014 年 12 月

目　　录

第一章　Photoshop 概述

要点难点

要点：
- Photoshop 与现有版本；
- Photoshop 应用领域与主要功能特色；
- 位图图形与矢量图形。

难点：
- 位图图形与矢量图形。

难度：★★

技能目标

- 了解 Photoshop 与现有版本；
- 了解 Photoshop 应用领域与主要功能特色；
- 掌握位图与矢量图的区别和联系。

1.1　Photoshop 概述与现有版本

1.1.1　概述

Photoshop 是 Adobe 公司旗下最出名的图像处理软件之一。Adobe 公司成立于 1982 年，是美国最大的个人电脑软件公司之一。Photoshop 是处理位图图形的软件，广泛应用于桌面出版印刷设计，如广告、书籍装帧，图片、照片效果制作，以及对用其他软件制作的图片做后期效果加工；它也可应用于网页及网页中图像文件的设计。

1.1.2　版本历史

经过 Thomas Knoll 和其他 Adobe 工程师的努力，Photoshop 1.0.7 版于 1990 年 2 月正式发行。John Knoll 也参与了一些插件的开发。第一个版本只有一个 800 KB 的软盘(Mac)。

20 世纪 90 年代初美国的印刷工业发生了比较大的变化，印前(Pre-Press)电脑化开始普及。Photoshop 在版本 2.0 中增加的 CYMK 功能使得印刷厂开始把分色任务交给用户，一个新的行业——桌上印刷(Desktop Publishing，DTP)由此产生。

Photoshop 2.0 版提供的重要新功能还有 Adobe 的矢量编辑软件 Illustrator 文件、

Duotones 以及 Pen tool(笔工具)。其最低内存需求从 2 MB 增加到 4 MB，这对提高软件稳定性有非常大的影响。从这个版本开始 Adobe 内部开始使用代号，2.0 的代号是 Fast Eddy，在 1991 年 6 月正式发行。

2.0 版本之后 Adobe 决定开发支持 Windows 的版本，代号为 Brimstone，而 Mac 版本为 Merlin。奇怪的是其正式版本编号为 2.5，这和普通软件发行序号常规不同，因为小数点后的数字通常留给修改升级。这个版本增加了 Palettes 和 16 bit 文件支持。2.5 版本的主要特性通常被公认为支持 Windows。此时 Photoshop Mac 版本的主要竞争对手是 Fractal Design 的 ColorStudio，而 Windows 版本的主要竞争对手是 Aldus 的 PhotoStyler。Photoshop Mac 从一开始就远远超过了 ColorStudio，而 Windows 版本则经过一段时间改进后才赶上了对手。

Photoshop 3.0 版的重要新功能是 Layer，其 Mac 版本在 1994 年 9 月发行，而 Windows 版本在 11 月发行。尽管当时有另外一个软件 Live Picture 也支持 Layer 的概念，而且业界当时也传言 Photoshop 工程师抄袭了 Live Picture 的概念，但实际上 Thomas 很早就开始研究 Layer 的概念了。

Photoshop 4.0 版主要改进的是用户界面。Adobe 在此时决定把 Photoshop 的用户界面和其他 Adobe 产品统一化，而且程序使用流程也有所改变。一些老用户对此有抵触，甚至一些用户在线抗议。但经过一段时间使用以后他们还是接受了新改变。

Adobe 这时意识到 Photoshop 的重要性，他们决定把 Photoshop 版权全部买断，Knoll 兄弟为此赚了很多钱。

Photoshop 5.0 版引入了 History(历史)的概念，这和一般的 Undo 不同，在当时引起了业界的欢呼。色彩管理也是 5.0 版本的一个新功能，尽管当时引起了一些争议，但此后被证明这是 Photoshop 历史上的一个重大改进。5.0 版本在 1998 年 5 月正式发行。一年之后 Adobe 又发行了 X.5 版本，这次是版本 5.5，主要增加了支持 Web 功能和包含 Image Ready 2.0。

2000 年 9 月发行的 Photoshop 6.0 版主要改进了与其他 Adobe 工具交换的流畅性，但真正的重大改进是 2002 年 3 月发行的版本 7.0。

在此之前，Photoshop 处理的图片绝大部分还来自于扫描，实际上 Photoshop 上面大部分功能基本与从 20 世纪 90 年代末开始流行的数码相机没有什么关系。版本 7.0 增加了 Healing Brush 等图片修改工具，还有一些基本的数码相机功能如 EXIF 数据、文件浏览器等。

Photoshop 在享受了巨大的商业成功之后，在 21 世纪初才开始感到威胁，特别是专门处理数码相机原始文件的软件，包括各厂家提供的软件和其他竞争对手如 Phase One(Capture One)。已经退居二线的 Thomas Knoll 亲自负责带领一个小组开发了 PS RAW(7.0)插件。

在其后的发展历程中，Photoshop 8.0 的官方版本号是 CS，9.0 的版本号变成了 CS2，10.0 的版本号则变成了 CS3。

CS 是 Adobe Creative Suite 后面两个单词的缩写，代表"创作集合"，是一个统一的设计环境，将全新版本的 Adobe Photoshop&reg CS2、Illustrator&reg CS2、InDesign&reg CS2、GoLive&regCS2、Acrobat&reg 7.0 Professional 软件与新的 Version Cue&reg CS2、Adobe Bridge 和 Adobe Stock Photos 相结合。

1.1.3　最新版本

Photoshop 目前的最新版本为 CS6。

Adobe Photoshop CS6 号称是 Adobe 公司历史上最大规模的一次产品升级，它是集图像扫描、编辑修改、图像制作、广告创意、图像输入与输出于一体的图形图像处理软件，深受广大平面设计人员和电脑美术爱好者的喜爱。Adobe Photoshop CS6 是一个最先进和最流行的应用方案，目前旨在用于艺术作品的图像或数码照片的编辑和操作，当然更加吸引用户。

Photoshop CS6 的主要特色有：

(1) 内容识别修补；

(2) Mercury 图形引擎；

(3) 3D 性能提升；

(4) 3D 控制功能任由使用；

(5) 全新和改良的设计工具；

(6) 全新的 Blur Gallery；

(7) 全新的裁剪工具。

1.2　Photoshop 应用领域与主要功能特色

1. 应用领域

Photoshop 主要应用于图像、图形、文字、视频、出版等方面。

2. 功能特色

从功能上看，Photoshop 可分为图像编辑、图像合成、校色调色及特效制作部分。图像编辑是图像处理的基础，可以对图像做各种变换如放大、缩小、旋转、倾斜、镜像、透视等，也可进行复制、去除斑点、修补、修饰图像的残损等。这在婚纱摄影、人像处理制作中有非常大的用处，可去除人像上不满意的部分，进行美化加工，得到让人非常满意的效果。

图像合成则是将几幅图像通过图层操作、工具应用合成完整的、传达明确意义的图像，这是美术设计的必经之路。Photoshop 提供的绘图工具让外来图像与创意很好地融合，可使图像的合成天衣无缝。

校色调色是 Photoshop 中深具威力的功能之一，可方便快捷地对图像的颜色进行明暗、色偏的调整和校正，也可对不同颜色进行切换以满足图像在不同领域如网页设计、印刷、多媒体等方面的应用。

特效制作在 Photoshop 中主要由滤镜、通道及工具综合应用完成，包括图像的特效创意和特效字的制作，如油画、浮雕、石膏画、素描等常用的传统美术技巧都可借由 Photoshop 特效完成，而各种特效字的制作更是很多美术设计师热衷于 Photoshop 的原因。

1.3　位图图像与矢量图形

　　计算机图形主要分为两类：位图图像和矢量图形。若要了解 Photoshop 与其他矢量图形软件的区别就必须了解位图图像和矢量图形的区别。

　　位图图像在技术上称为栅格图像，它由网格上的点组成，这些点称为像素。在处理位图图像时，用户所编辑的是像素，而不是对象或形状。位图图像是连续色调图像(如照片或数字绘画)最常用的电子媒介，因为它们可以表现阴影和颜色的细微层次。

　　在屏幕上缩放位图图像时，它们可能会丢失细节，因为位图图像与分辨率有关。每个位图图像都包含固定数量的像素，每个像素都分配有特定的位置和颜色值。如果在打印位图图像时采用的分辨率过低，位图图像可能会呈锯齿状，因为此时增加了每个像素的大小。图 1-1 所示为不同放大级别的位图图像示例。

图 1-1　不同放大级别的位图图像示例

　　矢量图形由经过精确定义的直线和曲线组成，这些直线和曲线称为向量。这意味着用户可以移动线条、调整线条大小或者更改线条的颜色，而不会降低图形的品质。

　　矢量图形与分辨率无关，也就是说，用户可以将它们缩放到任意尺寸，可以按任意分辨率打印，而不会丢失细节或降低清晰度。因此，矢量图形最适合表现醒目的图形。这种图形(例如徽标)在缩放到不同大小时必须保持线条清晰。图 1-2 所示为不同放大级别的矢量图形示例。

图 1-2　不同放大级别的矢量图形示例

在 Photoshop 和 ImageReady 中都可以使用位图和矢量图这两种类型的图形。此外，Photoshop 文件既可以包含位图，又可以包含矢量数据。了解这两类图形间的差异，对创建、编辑和导入图片很有帮助。

1.4　其他平面设计常用软件介绍

在实际工作中，设计师常常会使用多种设计方式来创作图像画面。如果他们不了解一些常用的平面设计软件的功能与作用，就不可能在设计时有针对性地选择软件来将画面中的各项元素进行合理的处理。因此，对一些常用的平面设计软件的主要功能与作用进行了解，可以大大节省平面设计师的工作时间，同时也有助于设计出丰富多彩的画面效果。

1. FreeHand

FreeHand 是 Macromedia 公司推出的一个基于矢量绘图的著名软件，具有强大的图形设计、排版和绘图功能。它操作简单、使用便捷，是平面设计师常用的图形软件之一。

Freehand 原来仅仅应用于 Macintosh 平台，后来被移植到 Windows 平台上。使用 FreeHand 能够画出纯线条的美术作品和光滑的工艺图。该软件可通过 PostScript 语言对线条、形状和填充插图进行定义，被广泛用在建筑物设计图、产品设计或其他精密线条绘图、商业图形和图表等众多领域。FreeHand MX 2004 为该软件的最新版本。

2. CorelDRAW

由 Corel 公司出品的 CorelDRAW 也是世界一流的平面矢量图形软件。该软件具有强大的数据交换能力，不仅可以直接编辑、修改多种格式的图形图像文件和其他文字软件的格式文件，而且可以导入其他图形图像处理软件处理过的图片，引入 Internet 对象和超文本，编辑修改后还可以以多种格式导出或另存为其他格式文件，直接发送到 Internet 上。

在 2013 年推出的 CorelDRAW 12 中还集成了 CorelPHOTO-PAINT 12、CorelCAPTURE 12 和 CorelTRACE 12 等软件。它既是一个大型的矢量图形制作软件，也是一个大型的软件包。CorelDRAW 12 的操作比以前的版本更加简便，图形图像的编辑处理功能更加强大，工作界面更加简洁。用户可以用它绘制、合成和编辑图形，进行文字处理等。

3. Illustrator

为了弥补 Photoshop 在矢量绘图上的不足，Adobe 公司开发了图形处理软件 Illustrator。该软件不仅能处理矢量图形，还可以处理位图图像，被广泛应用于平面广告设计、网页图形制作、电子出版物和艺术图形创作等诸多领域。用户可以利用它快速、精确地绘制出各种形状复杂且色彩丰富的图形和文字效果。不仅如此，它还能够进行简单的文字排版处理，制作出极具感染力的图表等。使用 Illustrator 和 Web 功能，可以很轻松设计出精美的网页图像；同时 Illustrator 还提供与 Adobe 的其他应用软件协调一致的工作环境，如与 Adobe Photoshop、Adobe PageMaker 的工作界面一致。在新版本的 Illustrator CS 中，该软件又在原有的图像功能上大幅增强了 Web 性能、3D 样式效果和打印功能，同时还加强了与其他图形图像软件及应用程序间的结合使用。因此，无论是媒体设计师还是网页设计师，Illustrator CS 都提供了完美的新功能，可以帮助用户把工作做得更快、更好。

4．PageMaker

PageMaker 是 Adobe 公司出品的跨平台的专业页面设计软件。在平面设计领域中PageMaker 是专业人士首选的组版软件，并深得设计师们的广泛赞许。这主要是因为PageMaker 不但拥有强大的图文处理功能，而且还能达到印刷行业对页面品质的严格要求。高质量的输出是桌面印刷软件所必须具备的特性。专业排版软件不但要能够调入和使用常用的文字与图像格式，更重要的是还要能够生成分辨率在 1200 dpi 以上的页面或者生成100 dpi 以上的半色调加网图或分色片。PageMaker 是第一个能够胜任桌面印刷的排版软件。它使用 PostScript 页面描述语言，可以较完美地描述图形，生成高质量的输出文件。

在平面设计的众多软件中，可按各自功能的差别和特长进行分类，方便分别选择使用。

在矢量图形制作方面，推荐使用 Illustrator、CorelDRAW 和 FreeHand，而在图像画面处理和图像效果渲染方面还是 Photoshop 最强。桌面印刷的排版当然选用第一个能够胜任的 PageMaker 软件，其他一些软件也有各自的特点，这就要看设计师如何灵活应用了。

第二章　Photoshop 界面和基本工具介绍

◆ 要点难点

要点：
- 初步了解 Photoshop 的工作界面和基本工具，为后续学习奠定一定的基础；
- 熟悉 Photoshop 的工作界面、基本工具的作用和使用方法，以及相应的操作快捷键。

难点：
- Photoshop 基本工具的使用。

难度：★★★

◆ 技能目标

- 熟悉 Photoshop 的工作界面；
- 掌握 Photoshop 基本工具的使用。

2.1　Photoshop 界面介绍

Photoshop 的工作界面主要由标题栏、菜单栏、工具栏、工具箱、图像窗口、状态栏、操作面板等部分组成，如图 2-1 所示。

图 2-1　Photoshop 工作界面

1. 标题栏

标题栏位于工作界面的最顶部。它在当前使用时一般呈蓝色显示，在标题栏中有文件的相应图标，用鼠标双击可以将缩小的界面最大化；当界面已经是最大化时双击鼠标左键则还原至原来的大小。在标题栏的右上角有 3 个按钮，分别是【最小化】、【最大化】和【关闭】按钮，可对窗口进行相应的操作。

2. 菜单栏

菜单栏共包含 9 个主菜单，每个主菜单下还包含了各种相应的操作命令供用户选择使用。为了方便用户的操作，各主菜单下的很多子菜单右边都有相应的快捷键显示，用户可以直接通过键盘快捷键来实现相应操作，从而提高工作效率。表 2-1 列举了常用菜单栏的命令及简要说明。

表 2-1　常用菜单栏命令说明

菜　单	命　令	功　能
文件	新建	创建一个新文件
	打开	打开本机中已有的文件
	浏览	打开文件浏览器，文件浏览器有助于管理和组织图像
	关闭	关闭当前正在操作的文件
	存储	命名、保存文件或直接保存文件的编辑、修改到原文件
	存储为	将当前的工作文件重新命名并进行存盘，在存盘的过程中可以将文件保存为其他格式，存盘后工作文件自动转换为另存为的文件，原文件自动关闭，且不保存修改操作
	打印	通过打印设备输出 Photoshop 中的图形
	退出	退出并关闭 Photoshop 程序
编辑	还原	还原更改至状态改变前
	向前	恢复当前撤销的操作
	返回	返回上一步的操作
	消褪	可用于对填充的对象进行颜色消褪、不透明度和模式设置
	剪切	将选择的对象移动到剪贴板中
	拷贝	将选择的对象创建一个副本，并放置到剪贴板中
	粘贴	将剪贴板中的对象移动到当前工作文件中
	填充	对图层或图层上的对象使用不同的内容、混合模式进行填充
	描边	对图层或图层上的对象进行描边
	自由变换	对对象进行缩放、旋转等自由变换
	变换	使用所提供的下级命令对对象进行缩放、旋转、扭曲等操作
	预置	该命令包含了一系列的预置设定命令，可以通过这些命令对 Photoshop 进行预置设定，使其发挥强大的功能

菜 单	命 令	功 能
图像	模式	使用下级命令对图像颜色模式进行转换
	调整	使用下级命令对图像颜色进行调整
	复制	复制当前对象为新的副本并在新的文件中显示
	应用图像	对源图像中的一个或多个通道进行编辑运算,然后将编辑后的效果应用于目标图像,从而创造出多种合成效果
	计算	把一个或多个图像中的若干个通道进行合成计算,以不同的方式进行混合,得到新图像或新的通道
	图像大小	查看、改变图像像素大小/文档大小
	画布大小	查看、改变画布大小值
	裁切	确定选区后,用裁切命令对图像进行裁切
	修整	基于透明像素、左上角或右上角像素,对图像进行顶部、底部、左边、右边选择性地修整
图层	新建	使用下级命令可新建图层、背景图层、图层等
	复制图层	对当前图层进行复制,产生一个当前图层的副本
	删除	激活所要删除的图层,用该命令进行删除
	图层属性	通过该命令改变图层的名称和图层在图层面板上标记颜色
	图层样式	通过该命令改变图层的样式,使图层产生投影、发光等效果
	新填充图层	一种带蒙版的图层,其内容可以为纯色、渐变色或图案
	新调整图层	可以将色阶等效果单独放在一个图层中,而不改变原图像
	文字	对文字图层进行操作
	栅格化	对文字、形状、填充内容等进行栅格化处理
	添加图层蒙版	给一幅图片添加一个图层蒙版。当添加图层蒙版后,该命令变为"移去图层蒙版"
	停用图层蒙版	蒙版制作完成后,可对蒙版本身进行操作。当停用图层蒙版后,该命令变为"启用图层蒙版"
	向下合并	将当前激活图层和它的下一层进行合并
	合并可见图层	将所有可见图层进行合并
选择	全选	将图像全部选中
	取消选择	取消已选取的区域
	重新选择	恢复上一步进行的选择操作
	反选	将当前范围反选
	色彩范围	对图像中的相似颜色进行选取,并对图像做相应处理
	羽化	可对选区的正常明显边缘进行柔化处理
	修改	以四种不同的方式来修改选区

菜　单	命　令	功　能
选择	扩大选区	在现有选区的基础上,将所有符合【魔棒】选项中指定的容差范围的相邻像素添加到现有选区中
	选取相似	在现有选区的基础上,将所有符合容差范围的像素(不一定相邻)添加到现有选区中
	变换选区	利用该命令可以对选区进行缩放和旋转操作
	载入选区	将所有存储的选区载入当前图像中,如果通道控制面板中有多个 Alpha 通道,可自由选择所要载入的对象
滤镜	上次滤镜操作	使图像重复上一次所使用的滤镜
	抽出	根据图像的色彩区域可以有效地将图像在背景中删除
	滤镜库	打开【滤镜库】面板,在该面板中可以方便地调用各种滤镜
	液化	使图像产生各种各样的图像扭曲变形效果
	图案生成器	快速地将选区的图像范围生成平铺图案效果
	像素化	使图像产生分块,呈现出一种由单元格组成的效果
	扭曲	使图像产生多种样式的扭曲变形效果
	杂色	图像按照一定的方式混入杂点或带有随机分布色阶的像素
	模糊	使图像产生模糊效果
	渲染	改变图像的光感效果,可以模拟在图像场景中放置不同的灯光,产生不同的光源效果、夜景等
	画笔描边	在图像中增加颗粒、杂色或纹理,从而使图像产生多样的艺术画笔绘画效果
	素描	可以使用前景色和背景色来置换图像中的色彩,从而生成一种精确的图像艺术效果
	纹理	使图像产生多种多样的特殊纹理及材质效果
	艺术效果	使 RGB 模式的图像产生多种不同风格的艺术效果
	视频	是 Photoshop 的外部接口命令,用来从摄像机输入图像或将图像输出到录像带上
	锐化	将图像中相邻像素点之间的对比增加,使图像更加清晰化
	风格化	使图像产生各种印象派及其他风格的画面效果
	其他	可以设定和创建自己需要的特殊效果滤镜
	Digimarc	将自己的作品加上自己的标记,对作品进行保护
视图	放大	使图像显示比例放大
	缩小	使图像显示比例缩小
	按屏幕大小缩放	使图像以画布窗口大小显示
	实际像素	使图像以 100% 比例显示
	打印尺寸	使图像以实际的打印尺寸显示

菜　单	命　令	功　能
视图	屏幕显示	以三种不同的模式显示图像
	显示额外内容	在画布窗口中显示其他额外的内容
	显示	在画布窗口中选择显示的对象
	标尺	可在画布窗口内的上边和左边显示出标尺
	锁定参考线	可锁定参考线，锁定的参考线不能移动
	清除参考线	可清除所有参考线
	新参考线	新建参考线并进行新参考线取向与位置设定
	锁定切片	对切片进行锁定
	清除切片	清除划分好的切片
窗口	排列	在 Photoshop 中将所有打开的窗口进行排列
	工作区	对工作区进行存储、删除和复位调板位置
	导航器	打开或关闭导航器窗口
	工具	打开或关闭工具箱面板
	历史记录	打开或关闭历史记录面板
	图层	打开或关闭图层面板
	选项	打开或关闭选项栏
	颜色	打开或关闭颜色面板
	状态栏	打开或显示状态栏
帮助	Photoshop 帮助	可查找关于软件、工具等的使用说明

3. 工具栏

工具栏会根据用户选择的工具而变化，通常每种工具的参数各不相同。要查看工具的参数，用户可用鼠标单击选中工具，在工具栏处即可显示相关的参数信息，图 2-2 所示的是选择【画笔】工具显示的工具栏。

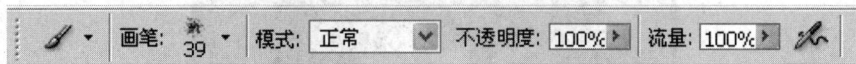

图 2-2　【画笔】工具栏

4. 工具箱

工具箱中存放着用于创建和编辑图像的 40 多种工具，如图 2-3 所示。可通过单击工具图标或按快捷键来使用工具。如果图标的右下角带有一个小三角形，则表示该工具下还包含一个工具组，用鼠标按住该键不放或用鼠标右击该工具即可弹出工具组(如图 2-4 所示)。若在工具按钮上停留片刻，则会出现该工具提示信息，提示信息括号里的字母表示该工具的快捷键(如图 2-5 所示)。例如，按下键盘上的 H 键，即选取抓手工具。

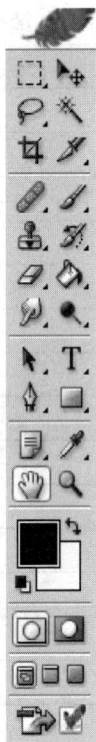

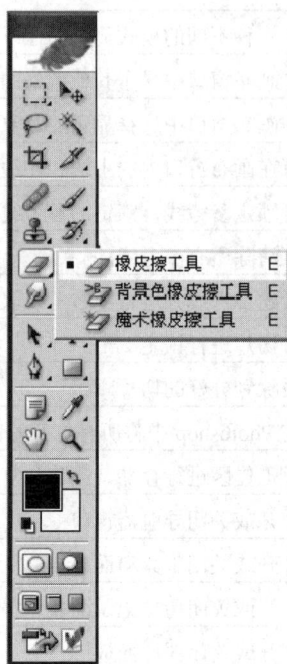

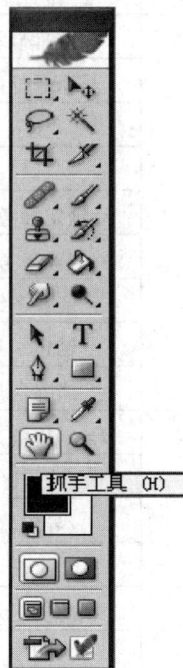

图 2-3　工具箱　　　　　　　　图 2-4　工具组　　　　　　　　图 2-5　快捷键

5. 图像窗口

图像窗口用于显示已经打开的或创建的图像，更重要的是可以在该窗口中对图像进行编辑和处理，该窗口的标题栏从左到右分别显示的是控制窗口、图像文件名、图像格式、窗口显示比例、图层名称、颜色模式，如图 2-6 所示。

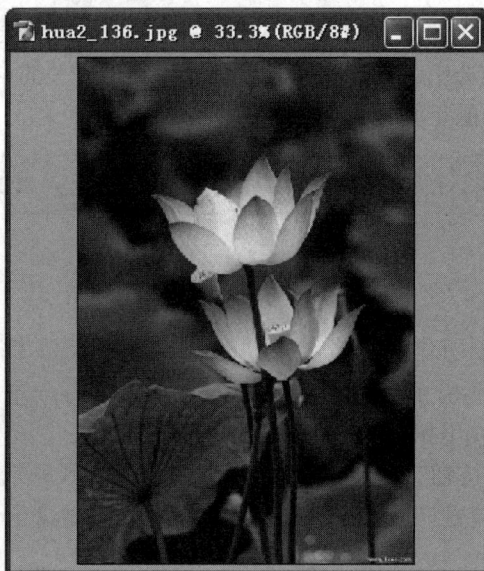

图 2-6　图像窗口

6. 状态栏

状态栏主要用于显示当前打开图像的各种信息，或在选中工具后提示用户的相关操作信息，如图 2-7 所示。

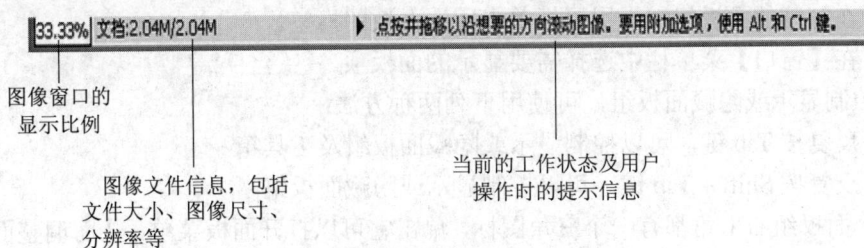

| 33.33% | 文档:2.04M/2.04M | ▶ 点按并拖移以沿想要的方向滚动图像。要用附加选项，使用 Alt 和 Ctrl 键。 |

图像窗口的
显示比例

图像文件信息，包括
文件大小、图像尺寸、
分辨率等

当前的工作状态及用户
操作时的提示信息

图 2-7　状态栏

单击状态栏上的▶标记，可弹出显示清单(如图 2-8 所示)，用户可以勾选需要显示在状态栏中的项目。

- 文档大小：显示所编辑图像的文件大小。
- 文档配置文件：显示当前所编辑图像为何模式，如 RGB 颜色、CMYK 颜色、Lab 颜色等。
- 文档尺寸：显示当前所编辑图像尺寸。
- 暂存盘大小：显示当前所编辑图像的挂网情况与可用的内存大小。

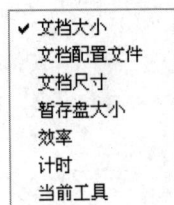

| ✓ 文档大小 |
| 文档配置文件 |
| 文档尺寸 |
| 暂存盘大小 |
| 效率 |
| 计时 |
| 当前工具 |

图 2-8　显示清单

- 效率：显示当前编辑图像使用的存取内存时间与使用硬盘上的虚拟内存时间的比值。如果该比值越来越小，就表示应该多配置一点内存给 Photoshop，可以关掉几张暂时不处理的图像，或关闭其他应用程序，以释放内存空间。
- 计时：显示用户刚刚完成最后一个操作所花费的时间。
- 当前工具：显示当前正在使用的工具名称。

单击状态栏左侧，弹出打印预览窗口，该窗口将显示图像尺寸和打印纸尺寸的关系。其中两条对角线的矩形区域表示图像区域，灰色图像窗口内为打印纸张的大小。而按住 Alt 键再单击状态栏左侧，则弹出显示图像宽度、高度、通道数目、分辨率等信息的下拉菜单，如图 2-9 所示。

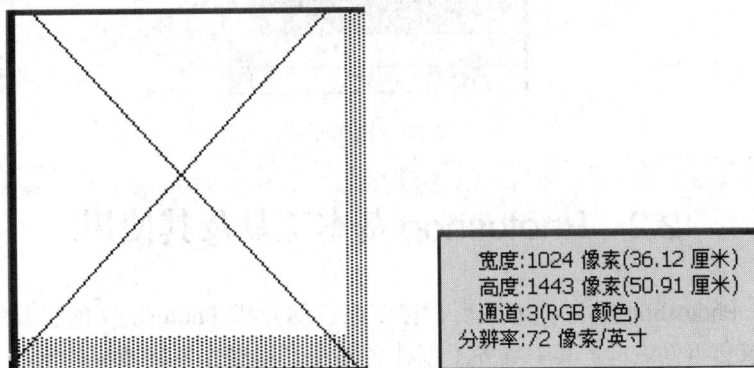

| 宽度:1024 像素(36.12 厘米) |
| 高度:1443 像素(50.91 厘米) |
| 通道:3(RGB 颜色) |
| 分辨率:72 像素/英寸 |

图 2-9　打印预览窗口和信息菜单

7. 操作面板

面板帮助监视和修改图像，默认情况下，面板以组的方式堆叠在一起。默认情况下打开的主要有如图 2-10 所示的几个面板，若要打开其他隐藏的面板，有以下两种方法：

(1) 在打开的面板组中，用鼠标单击所选面板的标签。

(2) 在【窗口】菜单栏中选择需要显示的面板项。

要控制显示或隐藏面板组，可使用下列两种方法：

(1) 反复按 Tab 键，可以控制显示或隐藏面板组及工具箱。

(2) 反复按 Shift + Tab 键，可以控制显示或隐藏面板组。

每个面板组右上角都有一个三角图标，单击它可以打开面板菜单，从而调整面板选项。通过拖曳面板组右下角边框，可以改变面板组的大小。

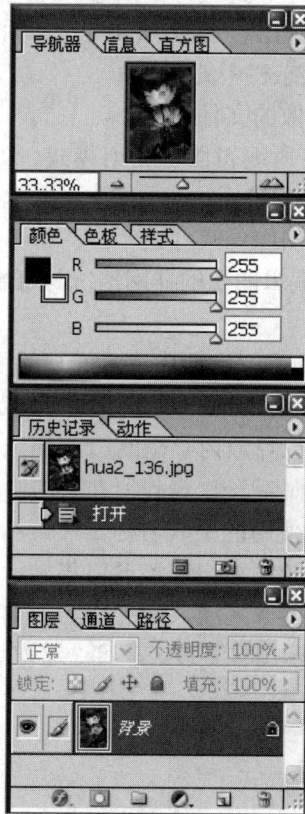

图 2-10　操作面板

2.2　Photoshop 基本工具及其使用

在学习了 Photoshop 的工作界面后，接下来详细介绍 Photoshop 的工具栏。工具栏是 Photoshop 的核心组件之一，其中集齐了创建各种图形和制作各种效果的常用工具，要学好 Photoshop，就必须掌握工具的使用方法和技巧。关于每组工具中包含的同类型工具的使用，将一一进行讲解，如图 2-11 所示。工具栏中各个工具的图标及功能介绍如表 2-2 所示。

矩形选框工具　M
椭圆选框工具　M
单行选框工具
单列选框工具

切片工具　K
切片选取工具　K

画笔工具　B
铅笔工具　B

套索工具　L
多边形套索工具　L
磁性套索工具　L

历史记录画笔工具　Y
历史记录艺术画笔　Y

修复画笔工具　J
修补工具　J
颜色替换工具　J

渐变工具　G
油漆桶工具　G

仿制图章工具　S
图案图章工具　S

减淡工具　O
加深工具　O
海绵工具　O

橡皮擦工具　E
背景色橡皮擦工具　E
魔术橡皮擦工具　E

横排文字工具　T
直排文字工具　T
横排文字蒙版工具　T
直排文字蒙版工具　T

模糊工具　R
锐化工具　R
涂抹工具　R

矩形工具　U
圆角矩形工具　U
椭圆工具　U
多边形工具　U
直线工具　U
自定形状工具　U

路径选择工具　A
直接选择工具　A

钢笔工具　P
自由钢笔工具　P
添加锚点工具　P
删除锚点工具　P
转换点工具

吸管工具　I
颜色取样器工具　I
度量工具　I

注释工具　N
语音注释工具　N

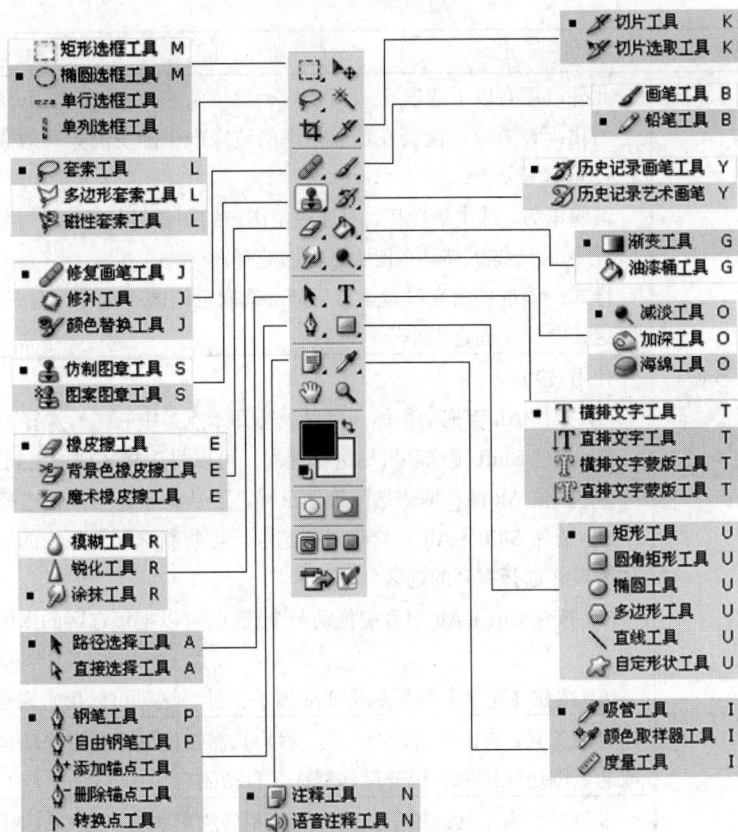

图 2-11　工具栏展开图

表 2-2　工具栏工具及其功能介绍

工　　具	功　　　　　能
移动工具	用于移动选取区域内的图像
选框工具 矩形选框工具　M 椭圆选框工具　M 单行选框工具 单列选框工具	矩形选框工具：用于选取规则范围的图像时最常用的工具，可以选定一个一定长宽比的矩形范围
	圆形选框工具：用于选取圆形或椭圆形选区。若要选取范围为正方形(或正圆)，可以在选择矩形选框(或椭圆)工具并拖动鼠标的同时按住 Shift 键
	单行、单列选框工具：经常用于对齐图像或描边
	选框工具的工具选项基本相同 　　　　主要对选区范围进行设置。从左到右依次为新选区、添加到选区、从选区中减去、与选区交叉 ● 新选区：可选取新的范围，通常此项为默认状态 ● 添加到选区：选择该按钮可以合并新选区和旧选区为一个选取范围 ● 从选区中减去：分为两种情况，若新选区和旧选区无重叠部分，则选区无变化；若两者有重叠部分，则新生成的选区将减去两区域中的重叠部分 ● 与选区交叉：产生一个包含新选区的重叠区域的选区

工　　具	功　　能
选框工具 ▫ 矩形选框工具　M ○ 椭圆选框工具　M ═ 单行选框工具 ▯ 单列选框工具	此外，还有以下选项： 　羽化：设置该功能会在选取范围的边缘产生渐变的柔和效果，取值范围为0～250 像素 　消除锯齿：选中该项后，对选区范围内的图像做处理时，可使边缘较为平滑(只有椭圆选框工具具有消除锯齿的选择) 　样式：该选项用来设置矩形、椭圆选取范围的长宽比。有三个选项：正常、固定长宽比、固定大小
	使用技巧： (1) 按住 Alt 键拖动鼠标，将以鼠标开始点为中心进行选择 (2) 按住 Shift 键拖动鼠标进行选取，可以将选择区域增加到原来的选区 (3) 按住 Alt 键在原来选区拖动鼠标，可从原来选区减去选择区域 (4) 按住 Shift + Alt 组合键进行选取，可将新选区与原来的选区的相交区域作为最终选择得到的选区 (5) 按住 Ctrl + Alt 组合键拖动一个选区，可以把该选区的图像拷贝到新的位置 (6) 按住【空格】键鼠标将变成抓手工具，这时可以用它来移动图像
套索工具 ▫ ♀ 套索工具　　　L ♥ 多边形套索工具　L ♥ 磁性套索工具　　L	套索工具：自由手绘选取工具，用户只需按住鼠标左键拖动鼠标沿着需要选取的范围边缘绘制。松开鼠标则选区自动闭合
	多边形套索工具：用于在图像上绘制任意形状的多边形选取区域
	磁性套索工具：主要用于对精确图像的选取。根据选取范围以指定宽度内的不同像素值的对比来确定选区
	磁性套索工具的工具栏选项(与选框工具相同的参数不再重复)： ● 宽度：拖动鼠标时指定探测的边缘宽度。其值范围为0～40，值越小检测越精确 ● 边对比度：所输入的数值决定绘制路径时搜索边缘的对比度值。其值范围为0%～100%，值越大选取范围越精确 ● 频率：设置鼠标拖动时同时放置的定点数。其值范围为 0～100，值越大边缘产生的定点数也越多 ● 钢笔压力：只在系统安装了绘图板后才起作用，用于设置绘图笔的钢笔压力
魔棒工具　※	魔棒工具：对相同或相近颜色的区域进行选取 魔棒工具选项栏： ● 容差：确定选取时颜色比较的容差值，单位为像素，值范围为 0～255，值越小，选取范围的颜色越接近，相应的选取范围也越小 ● 连续的：选中此项，则只检测单击处邻近区域，如果不选中此项，则在容差范围内的像素检测会遍及整幅图片 ● 用于所有图层：选中此项，对所有图层均起作用，即可选取所有层中相近的颜色区域

工　　具	功　　能
裁切工具 �	可将选中区域的以外的图像切除，并可以根据需要在切除时重设图像的大小和图像的分辨率。例如：  在确定选择区域后，双击鼠标就可以切除其他部分，得到最终裁切效果如下： 
	裁切工具选项栏： ● 前面的图像：单击此按钮，可显示当前图像的实际高度、宽度及分辨率 ● 清除：单击此按钮可清除在"宽度"、"高度"、"分辨率"文本框中设置的数值
切片工具 ■ 切片工具　　　K 　切片选取工具　K	切片工具：用来将图片分割成为多个部分。如果用户所处理的图像将用于网页上，那么可以使用该工具将图像文件分割成多个较小的切片，每一个切片都包含自己的优化设置、图层调色板和反转效果，并且在存储时会存储为独立的文件。这样在用户访问该网页文件时，访问速度可以得到很大的提高。例如： 
	切片选取工具：用于编辑切片和调整切片的次序，并可以为切片添加超级链接

工　具	功　　能
图像修改工具 ■　修复画笔工具 」 ◇　修补工具　　 」 🖌　颜色替换工具 」	修复画笔工具：用于修复图像的瑕疵。可以结合 Alt 键使用。将"源"像素的纹理、光照、透明度和阴影与目标区域进行融合，从而使修复后的像素不留痕迹地融入图像的其余部分。例如： 　　　　使用前　　　　　　　　　　使用后 修复画笔工具选项栏： 　● 源：修复像素的源。"取样"可以使用当前图像的像素，而"图案"可以使用某个图案的像素。如果选取了"图案"，可从"图案"弹出式调板中选择图案 　● 对齐：选择"对齐"，会对像素连续取样，而不会丢失当前的取样点，即使用户松开鼠标按键时也是如此。如果取消选择"对齐"，则会在每次停止并重新开始绘画时使用初始取样点中的样本像素 　● 用于所有图层：在选项栏中选择"使用所有图层"，可从所有可见图层中对数据进行取样。如果取消选择"使用所有图层"，则只从现用图层中取样 修补工具：使用其他区域或图案中的像素的纹理、光照和阴影与目标区域进行区别来修复选中的区域，把图像进行区域性的修复。例如： 　　　　使用前　　　　　　　　　　使用后

工　具	功　　能
图像修改工具 ■ 修复画笔工具　J 　修补工具　　　J 　颜色替换工具　J	修补工具选项栏： ● 源：在图像中拖移以选择想要修复的区域，并在选项栏中选择"源" ● 目标：在图像中拖移，选择要从中取样的区域，并在选项栏中选择"目标" 颜色替换工具：使用颜色替换工具在目标颜色上进行绘制，从而替换目标颜色。一般用于修复照片的"红眼"现象 　　工具使用前　　　　　　　使用后
画笔工具 ■ 画笔工具　B 　铅笔工具　B	画笔工具：绘制比较柔和的线条，类似用毛笔画出的线条。该工具一般用于绘制特定图形 铅笔工具：绘制的线条棱角分明，一般用于绘制硬边的线条 画笔预设：【铅笔工具】、【画笔工具】都可使用"画笔预设"。用户使用"画笔预设"可以绘制出各种各样的图形 选择【画笔工具】，在相应的工具栏选项中单击右侧的图标 ▣，打开【面板】控制面板，如下图所示：

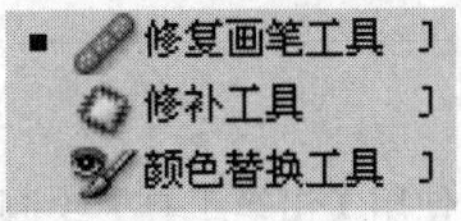

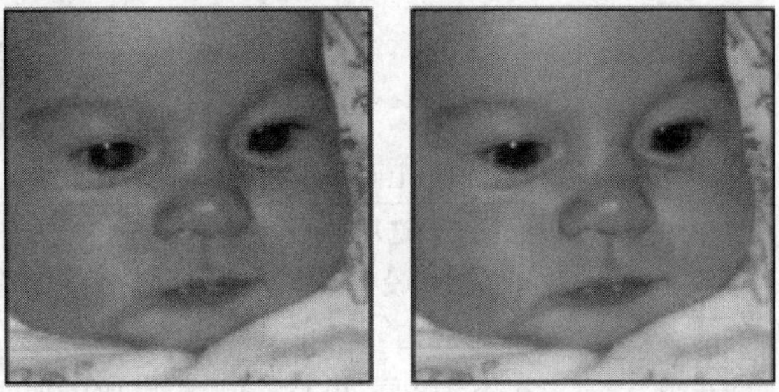

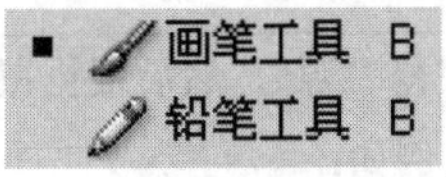

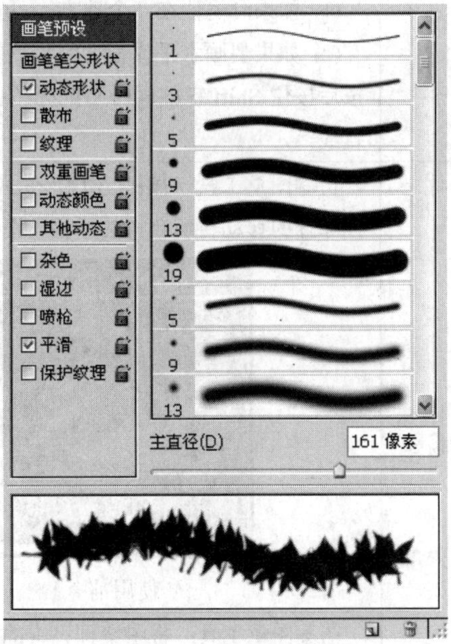

续表五

工　　具	功　　　能
	下面为【画笔】控制面板： 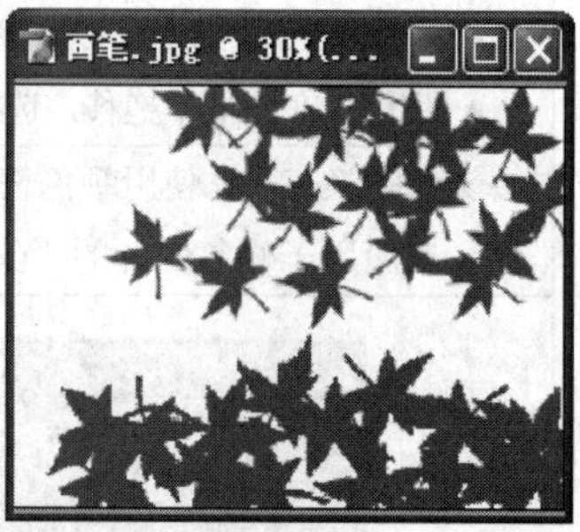 注：图中上面部分使用【画笔工具】绘制，下面部分使用【铅笔工具】绘制
画笔工具 ■ ✏ **画笔工具**　B 　✏ **铅笔工具**　B	画笔工具选项栏： ● 模式：设置【画笔工具】混合颜色的功能，默认模式为【正常】，其下拉列表中列出了 24 种模式 ● 不透明度：用于设置画笔颜色的透明度，取值为 0%～100% ● 流量：用于设置图像颜色的浓淡，根据选框内颜色流量百分比确定描绘出的笔画颜色是减淡或加深
	铅笔工具选项栏： (与画笔工具选项相同的部分不做介绍) 自动抹掉：当选择"自动抹掉"后，在绘制时，如果绘制起点处的颜色和工具箱中的前景色一致，此时【铅笔工具】具有橡皮擦的功能，会将前景色擦除而填充上工具箱中设置的背景色
	使用技巧： (1) 如果画笔停在一个地方，可实现画笔的不断叠加，其颜色会不断加深 (2) 如果要画水平或垂直的画笔效果，在图像编辑区域单击鼠标，确定起点，按后按住 Shift 键的同时用鼠标在另一处单击，两个单击点之间就会形成一条直线
图章工具 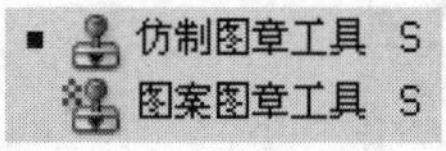 ■ 🖃 **仿制图章工具**　S 　🖃 **图案图章工具**　S	仿制图章工具：按住 Alt 键在图像中的某一处单击获得"源"，然后根据鼠标涂抹的移动将所获得的"源"图像复制到新的位置。例如：  　　　　使用前 　　　　　　　　　　　使用后
	图案图章工具：将图案预设中的图案复制到当前图案中

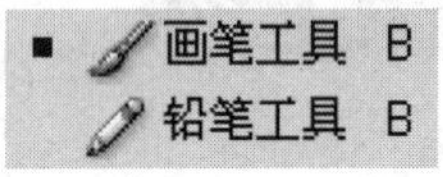

续表六

工　具	功　能
图章工具 ■ 仿制图章工具　S 　 图案图章工具　S	图章工具选项栏： ● 画笔：下拉列表中可选择任意一种画笔样式并可对选择的画笔进行编辑 ● 模式：设置复制生成图像与底图的混合模式，还可设置其不透明度、扩散速度和喷枪效果 ● 对齐：选择该选项，则一次拖拉中只能复制产生一个源图像 ● 用于所有图层：对所有可见图层都起作用 ● 图案：可使用下拉别表中 Photoshop 自带的图案，选择其中任意一个图案，然后在图像中拖动鼠标即可复制图案图像；同时，还可以自定义图案，选择好要定义的图案，通过编辑菜单定义图案 ● 印象派：使复制的图像效果具有类似印象派艺术画的效果
历史画笔 ■ 历史记录画笔工具　Y 　 历史记录艺术画笔　Y	历史记录画笔工具：用于对图像的编辑和修改，它可以和历史记录面板结合使用。【历史记录画笔工具】的使用类似于【画笔工具】的笔刷修改或恢复历史记录面板中记载有效操作步骤的效果 历史记录艺术画笔：与【历史记录画笔工具】的原理相同，只不过【历史记录艺术画笔】在修改和恢复图像时使用了各种艺术笔刷和风格。例如： 原图　　　　　　　　　使用仿制图章工具 使用历史记录画笔工具　　　使用历史记录艺术画笔

续表七

工　具	功　能
历史画笔 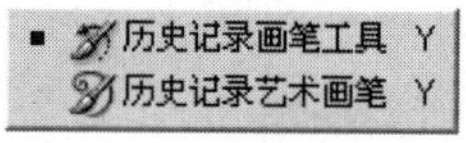　 ■ 历史记录画笔工具　Y 历史记录艺术画笔　Y	历史画笔工具选项栏： ● 样式：在此下拉列表中可以选择一种绘图样式 ● 区域：用于设置绘制所覆盖的像素范围。该数值越大，画笔所覆盖的像素范围就越大，反之就越小 ● 容差：用于设置绘图时所应用的像素范围。若设置一个较小的值，则可以在图像的任何区域绘制时不受限制；若设置一个较大的值，则在与历史记录状态或快照图像的色调相差较大的区域中绘制时将受限制
橡皮擦工具 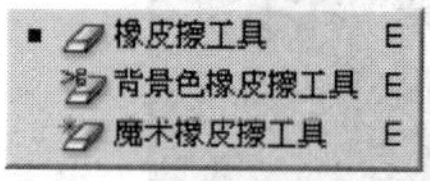　 ■ 橡皮擦工具　　　E 背景色橡皮擦工具　E 魔术橡皮擦工具　E	橡皮擦工具：将当前图像或选区的图像擦除。如果该工具作用于"背景"图层，那么擦除的同时会将背景色进行填充
	背景色橡皮擦工具：擦除图层上指定颜色的像素，并以透明色代替被擦除的区域，指定颜色的像素由鼠标的圆心点击图像所得
	魔术橡皮擦工具：擦除与鼠标点击处颜色相同及相近区域的图像，同时把擦除的区域变成透明
	橡皮擦工具选项栏： ● 模式：画笔、铅笔和块。选择画笔和铅笔选项时的用法和【铅笔工具】相似；选择块时，鼠标变成一个方形的橡皮擦 ● 抹到历史记录：将图像恢复到操作过程中的任意一个状态或历史快照
	背景色橡皮擦工具选项栏： ● 限制："不连续"可擦除图像中所有具有取样颜色的像素；"邻近"可擦除图像中具有取样颜色的像素(要求这些部分是与光标相连的)；"查找边缘"在擦除与光标相连的区域的同时，可保留图像中物体锐利的边缘 ● 保护前景色：用于防止具有前景色的图像区域被擦除 ● 取样："连续"可擦除图层中彼此相连但颜色不同的部分；"一次"只对单击鼠标时光标下的图像颜色取样，可擦除图像中具有相似颜色的部分；"背景色板"将背景色作为取样颜色，可擦除图像中背景色相似或相同的颜色区域
填充工具 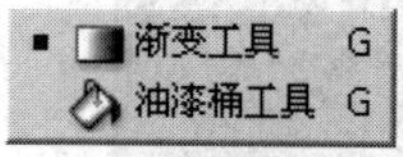　 ■ 渐变工具　　　G 油漆桶工具　G	渐变工具：使用多种颜色的逐渐混合进行填充，用户可以从渐变预设中选择渐变颜色，也可自己设定渐变颜色
	油漆桶工具：用于将某一种颜色或图案填充到图像或选择区域内，填充时只对鼠标单击处图像颜色相近区域进行填充
	渐变工具选项栏： 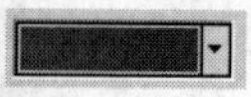 ● ▨▨▨▨▨▨：用于选择不同的颜色渐变模式，单击右侧按钮打开下拉列表框，其中有 15 种颜色渐变模式供用户选择。单击该图标，打开"渐变编辑器"，在"渐变编辑器"中可实现自定义的渐变模式设置，如下图所示：

工　具	功　能
填充工具 ■ ▣ 渐变工具　G 　 ◇ 油漆桶工具　G	 □■◢▣◆：选择各种渐变模式。例如： 　　线性渐变渐变效果　　　　　径向渐变渐变效果 ● 反色：产生的渐变颜色与设置的颜色渐变顺序反向 ● 仿色：用递色法来表示中间色调，使颜色渐变更加平滑 ● 透明区域：产生不同颜色段的透明效果，在需要使用透明蒙版时选择此选项
	油漆桶工具选项栏： ● 填充：选择使用前景色或图案填充
渲染工具 　 ◇ 模糊工具　R 　 △ 锐化工具　R ■ ◇ 涂抹工具　R	模糊工具：使图像产生模糊的效果，降低图像相邻像素之间的对比度，使图像的边界区域变得柔和。例如： 　　　模糊前　　　　　　　　　　模糊后

工　　具	功　　能
渲染工具 	锐化工具：与【模糊工具】相反，它能使图像产生清晰的效果，其原理是通过增大图像相邻像素之间的反差，从而使图像看起来更加清晰。该工具过度使用会使图像产生严重失真。例如： 　　锐化前　　　　　　　　锐化后 涂抹工具：模拟手指涂抹时的油墨效果。它将鼠标起始处的像素颜色提取出来，再将其与鼠标拖过的地方的颜色融合，从而达到混合油墨的效果。例如： 　　涂抹前　　　　　　　　涂抹后 模糊工具选项栏： ● 强度：设置【模糊工具】着色的力度，其取值为 0%～100% 涂抹工具选项栏： ● 手指绘画：选择该项，每次拖动鼠标绘制时就会使用工具箱中的前景色
颜色调和工具 	减淡工具：改变图像特定区域的曝光度，使图像变亮 　　减淡前　　　　　　　　减淡后

工　　具	功　　能
	加深工具：改变图像特定区域的曝光度，使图像变暗 加深前　　　　　　　　加深后
颜色调和工具 	海绵工具：增加或者减少图像的饱和度 使用前　　　　去色效果　　　　加色效果
	减淡工具选项栏： ● 范围：设置加深的作用范围，在其下拉列表中克选择暗调、中间调和高光 ● 曝光度：设置图像加深的程度，输入的数值越大，对图像减淡的效果越明显
	海绵工具选项栏： ● 模式：去色，降低图像颜色的饱和度；加色，增加图像颜色的饱和度 ● 流程：设置去色或加色的程度，另外也可选择喷枪效果
路径选择工具 	路径选择工具：选择路径和移动路径
	直接选择工具：选择路径段，并可以利用它拖动端点对路径进行变形
钢笔工具 	钢笔工具：直接在图像上单击鼠标左键，即可建立新的锚点来连接线段形成路径。例如： 用钢笔工具沿着海螺的外形单击鼠标，形成路径

工　　具	功　　能
	自由钢笔工具：按住鼠标左键拖动，系统根据拖动的路径自动产生锚点。例如：
	添加锚点工具：在当前路径上增加锚点，从而可以对锚点所在线段进行曲线调整。例如： 调整锚点，使得产生的路径与海螺外形更贴近
钢笔工具 ■ ◊ 钢笔工具　　　　P ◊ 自由钢笔工具　　P ◊⁺ 添加锚点工具 ◊⁻ 删除锚点工具 ʌ 转换点工具	删除锚点工具：在当前路径上删除锚点，从而将该锚点两侧的线段拉直。例如： 删除海螺右上角的锚点，两锚点间线段变成直线
	转换锚点工具：实现曲线锚点与直线锚点间的相互转换。例如： 将直线锚点转换为曲线锚点

工　具	功　能
钢笔工具 ■ ◊ 钢笔工具　　　P ◊ 自由钢笔工具　P ◊⁺ 添加锚点工具 ◊₋ 删除锚点工具 ╲ 转换点工具	钢笔工具选项栏: 路径绘制方式:【形状图层】，在图像文件中绘制具有前景色填充的形状图层,另在【图层】面板中将自动生成包括图层图样和剪切路径的形状图层 形状的绘制 【图层】面板中,左侧为【图层图式】,右侧为【剪切路径】。双击【图层图样】可修改路径图形的填充颜色 【路径】：在文件中即可绘制出可操作的工作路径。例如: 绘制工作路径 完整像素按钮：使用【钢笔工具】时,此按钮不能用,只有使用下面介绍的图形工具才可用。激活此按钮,在图像中拖曳鼠标,既不创建新图层,也不创建新工作路径,只在当前层中创建填充前景色的形状图层 路径工具选择：在选项栏中分别单击各个按钮实现各工具间的相互转换 自动添加和删除:勾选该项,【钢笔工具】就具有了【添加锚点工具】和【删除锚点工具】的功能 路径运算方式:添加到形状区域,新添加路径与原路径覆盖的面积,在填充时将全部被填充;从形状区域中减去,填充路径时,新添加路径的面积将从原路径中减去再填充;交叉形状区域,填充路径时,新添加路径与原路径重叠的部分将被填充;重叠形状区域除外,填充路径时,新添加的路径与原路径不重叠的部分将被填充
	自由钢笔工具选项栏: 磁性的:选中【磁性的】复选框,图像中的鼠标显示为"磁性钢笔"形态,此时【自由钢笔工具】与【磁性套索工具】应用方法相似,可以沿图像边界绘制工作路径

工　　具	功　　　能
	使用技巧： 　使用【转换点工具】时，按住 Alt 键，将光标移动到锚点处按住鼠标并拖曳，可以将锚点的一端进行调整；按住 Ctrl 键将光标移动到锚点位置按住鼠标并拖曳，可以移动当前选择的锚点位置；按住 Shift 键调整节点，可以确保锚点按 45°角的倍数进行调整
矢量图形工具 □ 矩形工具　　　U □ 圆角矩形工具　U ○ 椭圆工具　　　U ○ 多边形工具　　U ／ 直线工具　　　U ■ ☆ 自定形状工具　U	矩形工具：在图像文件中绘制矩形图形
	圆角矩形工具：在图像文件中绘制具有圆角的矩形，当【半径】数值为 0 时，绘制出的是矩形
	椭圆工具：在图像文件中绘制椭圆图形
	多边形工具：在图像文件中绘制正多边形或星形
	直线工具：绘制直线或带有箭头的线段
	自定形状工具：在图像文件中绘制各类不规则的图形和自定义的图案
文本工具 ■ T 横排文字工具　　T T 直排文字工具　　T T 横排文字蒙版工具　T T 直排文字蒙版工具　T	横排文字工具：在图像文件中创建水平文字，并在【图层】控制面板中建立新的文字图层
	直排文字工具：在图像文件中创建垂直文字，并在【图层】控制面板中建立新的文字图层
	横排文字蒙版工具：可以在图像文件中创建水平文字形状的选择区域
	直排文字蒙版工具：可以在图像文件中创建垂直文字形状的选择区域
	文本工具选项栏： T 更改文本方向：经典繁叠黑 ▾ 设置字体；T 200 点 设置字体大小；aa 平滑 ▾ 设置消除锯齿的方法；≡ ≡ ≡ 设置段落对齐方式；■ 设置文本颜色；☆ 创建变形文本；▣ 切换字符段落调板
注释工具 ■ 注释工具　　　N 语音注释工具　N	注释工具：在图像中添加文本注释
	语音注释工具：在图像中添加语音注释
■ 吸管工具　　　　I 颜色取样器工具　I 度量工具　　　　I **颜色工具**	吸管工具：能在拾色器、色板和图像中选取颜色并使用所选取的颜色作为"前景色"或"背景色"
	颜色取样器工具：用来显示某一点颜色的数值
	度量工具：显示图像中两个点的位置和距离等信息
抓手工具 ✋	图像无法完全显示在窗口时移动图像，使未显示部分移到显示区域中
缩放工具 🔍	用于放大和缩小图像在图像窗口中的显示
控制工具	色彩控制 ■：前面的色框为"前景色"，后面的色框为"背景色"。右上角的双向箭头可交换"前景色"与"背景色"，左下角的黑白色块用于恢复默认的"前景色"与"背景色"
	模式控制 ▣▣：在 Photoshop 图像文件中有两种编辑模式，正常情况下图像文件都处于标准模式。点击 ▣ 按钮，进入快速蒙版模式。在快速蒙版模式下，用户所做的图像修改都转换为选区
	屏幕显示 ▣▣▣：提供三种屏幕显示方式
	进入 ImageReady ▣▸✓：在 Photoshop 中直接转入 ImageReady 编辑当前图像

2.3　Photoshop 快捷键及操作技巧

1. 常用快捷键

表 2-3 列出了 Photoshop 中常用的快捷键。

表 2-3　Photoshop 中常用的快捷键

快　捷　键	功　　能
F1	帮助
F2	剪切
F3	拷贝
F4	粘贴
F5	隐藏/显示画笔面板
F6	隐藏/显示颜色面板
F7	隐藏/显示图层面板
F8	隐藏/显示信息面板
F9	隐藏/显示动作面板
F12	恢复
Shift + F5	填充
Shift + F6	羽化
Shift + F7	选择→反选
Ctrl + H	隐藏选定区域
Ctrl + D	取消选定区域
Ctrl + W	关闭文件
Ctrl + Q	退出 Photoshop

2. 常用快捷键操作技巧

(1) 按 Tab 键可以显示或隐藏工具箱和调色板，按 Shift + Tab 键可以显示或隐藏除工具以外的其他面板。

(2) 按住 Shift 键用绘画工具在画面点击就可以在每两点间画出直线，按住鼠标拖动便可画出水平或垂直线。

(3) 使用其他工具时，按住 Ctrl 键可切换到移动工具的功能(除了选择抓手工具时)，按住空格键可切换到抓手工具的功能。

(4) 同时按住 Alt 键和 Ctrl + 或 Ctrl − 键可让画框与画面同时缩放。

(5) 使用其他工具时，按 Ctrl + 空格键可切换到放大工具放大图像显示比例，按 Alt + Ctrl + 空格键可切换到缩小工具缩小图像显示比例。

(6) 在抓手工具上双击鼠标可以使图像按照窗口的大小显示。

(7) 按住 Alt 键双击 Photoshop 底板相当于打开。

(8) 按住 Shift 键双击 Photoshop 底板相当于保存。

(9) 按住 Ctrl 键双击 Photoshop 底板相当于新建文件。

(10) 按住 Alt 键点击工具盒中带小点的工具可循环选择隐藏的工具。

(11) 按 Ctrl + Alt + {数字键 0}或在缩放工具上双击鼠标可使图像文件以 1∶1 的比例显示。

(12) 在各种设置框内,只要按住 Alt 键,Cancel 键会变成 Reset 键,按 Reset 键便可恢复默认设置。

(13) 按 Shift + Backspace 键可直接调用【填充】对话框。

(14) 按 Alt + Backspace(Delete)键可将前景色填入选取框,按 Ctrl + Backspace(Delete) 键可将背景色填入选取框。

(15) 同时按住 Ctrl 键和 Alt 键移动可马上复制到新的图层并同时移动物体。

(16) 在用裁切工具裁切图片并调整裁切点时按住 Ctrl 键便不会贴近画面边缘。

(17) 若要在一个宏(Action)中的某一命令后新增一条命令,则先选中该命令,然后单击调色板上的开始录制(Begin Recording)图标,选择要增加的命令,再单击停止录制(Stop Recording)图标即可。

(18) 在图层、通道、路径面板上按 Alt 键单击,单击这些面板底部的工具图标时,对于有对话框的工具可调出相应的对话框来更改设置。

(19) 调用【曲线】对话框时,按住 Alt 键于格线内单击鼠标可以增加网格线,提高曲线精度。

(20) 若要在两个窗口间拖放拷贝,则在拖动过程中按住 Shift 键,图像拖动到目的窗口后会自动居中。

(21) 按住 Shift 键选择区域时,可在原区域上增加新的区域;按住 Alt 键选择区域时,可在原区域上减去新选区域;同时按住 Shift 键和 Alt 键选择区域时,可取得与原选择区域相交的部分。

(22) 移动图层和选取框时,按住 Shift 键可做水平、垂直或 45° 角的移动;按键盘上的方向键,可做每次 1 像素的移动;按住 Shift 键再按键盘上的方向键可做每次 10 像素的移动。

(23) 使用笔形工具制作路径时,按住 Shift 键可以强制路径或方向线成水平或垂直或 45° 角;按住 Ctrl 键可暂时切换到路径选取工具;按住 Alt 键将笔形光标在黑色的节点上单击可以改变方向线的方向,使曲线转折;按 Alt 键用【路径选取】(Direct Selection)工具单击路径会选取整个路径,要同时选取多个路径可按住 Shift 键后逐个单击;用路径选取工具时,按住 Ctrl + Alt 键移近路径会切换到加节点与减节点的工具。

(24) 在使用选取工具时,按 Shift 键拖动鼠标可以在原选取框外增加选取范围;同时按 Shift 键与 Alt 键拖动鼠标可以选取与原选取框重叠的范围(交集)。

(25) 按空格键加 Ctrl(注意顺序)可快速调出放大镜,再加 Alt 键则变成缩小镜。

(26) 按 Ctrl + R 键将出现标尺,在标尺拉出辅助线时按住就可以准确地让辅助线贴近刻度。

(27) 在使用自由变形(layer→free→transform)功能时，按 Ctrl 键并拖动某一控制点可以进行随意变形的调整；按 Shift + Ctrl 键并拖动某一控制点可以进行倾斜调整；按 Alt 键并拖动某一控制点可以进行对称调整；按 Shift + Ctrl + Alt 键并拖动某一控制点可以进行透视效果的调整。

(28) 按 F 键可把 Photoshop 面板的显示模式顺序替换为标准显示、带菜单的全屏显示、全屏显示。

(29) 若要从中心开始画选框可按住 Alt 键拖动。

(30) 按 Shift 键 + Tab 键可以显示或隐藏除工具箱外的其他调色板。

第三章　图片处理与图层

要点难点

要点：
- 位图的常用格式及其应用领域；
- Photoshop 中几种常用的抠图方式；
- 图像色彩的调整；
- Photoshop 内置滤镜的使用；
- 图层的样式及通道、蒙版的运用；
- 图像合成案例操作。

难点：
- 抠图方法的灵活运用；
- 图层、通道、蒙版的运用。

难度：★★★

技能目标

- 位图格式的基本知识；
- 熟练运用 Photoshop 抠取图像；
- 熟练运用 Photoshop 调整图像的色彩；
- 熟练运用 Photoshop 制作图片特效；
- 熟练运用 Photoshop 合成图像。

3.1　位图图片常用格式的特点及其主要应用领域

图像格式是指计算机中存储图像文件的方式与压缩方法。位图图像也叫做栅格图像，Photoshop 以及其他绘图软件一般都使用位图图像。在处理位图图像时，编辑的是像素而不是对象或者形状，也就是说，编辑的是图像中的每一个点。不同图像处理程序也有各自的内部格式，如 PSD 是 Photoshop 本身的格式。由于内部格式带有软件的特定信息，如图层与通道等，其他一些图形软件一般不能打开它。在存储图片时要针对不同的程序和使用目的来选择需要的格式。

不同的图像格式各自以不同的方式来表示图形信息，下面介绍几种常用的图像文件格式及其特点。

1. PSD 格式

PSD 格式是 Photoshop 特有的图像文件格式，支持 Photoshop 中所有的颜色模式。PSD 其实是 Photoshop 进行平面设计的一张"草稿图"，它里面包含各种图层、通道、遮罩等多种设计的样稿，以便下次打开文件时可以修改上一次的设计。而且在 Photoshop 所支持的各种图像格式中，PSD 的存取速度比其他格式快很多。因此，在编辑图像的过程中，通常将文件保存为 PSD 格式，以便重新读取图像中图层和通道的信息。

另外，用 PSD 格式保存图像时，图像没有经过压缩。所以，当图层较多时，会占用很大的硬盘空间。图像制作完成后，除了保存为通用的格式外，最好再存储一个 PSD 的文件备份，直到确认不需要在 Photoshop 中再次编辑该图像。

2. BMP 格式

BMP 是英文 Bitmap(位图)的简写，它是 Windows 操作系统中的标准图像文件格式，能够被多种 Windows 应用程序所支持。随着 Windows 操作系统的流行与丰富的 Windows 应用程序的开发，BMP 位图格式理所当然地被广泛应用。BMP 格式支持 RGB、索引色、灰度和位图色彩模式，但不支持 Alpha 通道。彩色图像存储为 BMP 格式时，每一个像素所占的位数可以是 1 位、4 位、8 位或者 32 位，相对应的颜色数也是从黑白一直到真彩色。

BMP 格式的特点是包含的图像信息较丰富，几乎不进行压缩，但由此导致了它与生俱来的缺点，即占用磁盘空间过大。

3. JPEG 格式

JPEG 是一种较常用的有损压缩方案，常用来压缩存储图片(压缩比可达 20 倍)，它用有损压缩方式去除冗余的图像和彩色数据，在获取极高的压缩率的同时能展现十分丰富生动的图像。换句话说，就是可以用最少的磁盘空间得到较好的图像质量。由于 JPEG 格式的压缩算法是采用平衡像素之间的亮度色彩来压缩的，因而更有利于表现带有渐变色彩且没有清晰轮廓的图像。同时 JPEG 还是一种很灵活的格式，具有调节图像质量的功能，允许用不同的压缩比例对这种文件进行压缩。

由于 JPEG 优异的品质和杰出的表现，它的应用也非常广泛，特别是在网络和光盘读物上。目前各类浏览器均支持 JPEG 图像格式，因为 JPEG 格式的文件尺寸较小，下载速度快，使得 Web 页有可能以较短的下载时间提供大量美观的图像，JPEG 同时也就顺理成章地成为网络上最受欢迎的图像格式。

在将图像格式保存为 JPEG 格式时，可以指明图像的品质和压缩级别。Photoshop CS 中设置了 12 个压缩级别，在品质(Quality)文本框中输入数值或拖动下方的三角形滑块可以改变保存的图像的品质和压缩程度。参数设置为 12 时，图像的品质最佳，但压缩量最小，如图 3-1 所示。

尽管 JPEG 是一种主流格式，但压缩后的图像颜色品质较低，所以在计算机制版工艺中，要求输出高质量图像时不使用 JPEG 而选择 EPS 或 TIF 格式，特别是在以 JPG 格式进行图形编辑

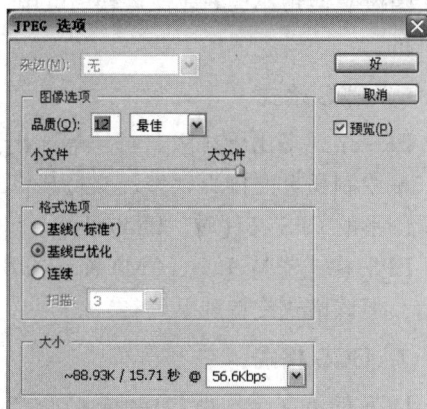

图 3-1　【JPEG 选项】对话框

时，不必经常进行保存操作。

4. TIFF 格式

TIFF 图像格式的英文全称是 Tagged Image File Format，由 Aldus 公司和微软公司联合开发，是一种可压缩的图像格式，其应用非常广泛，几乎被所有绘画、图像编辑和页面排版应用程序所支持。TIFF 格式最初是出于跨平台存储扫描图像的需要而设计的。它的特点是图像格式复杂，存储信息多。正因为它存储的图像细微层次的信息非常多，图像的质量也得以提高，所以非常有利于原稿的复制。

TIFF 格式既可用于 MAC 系统，又可用于 PC 系统，它支持带 Alpha 通道的 CMYK、RGB 和灰度颜色模式，支持不带 Alpha 通道的 Lab、索引色和位图颜色模式，支持 LZW 压缩。

在将图像保存为 TIFF 格式时，通常可以选择保存为 IBM　PC 兼容计算机可读的格式或者 Macintosh 计算机可读的格式，并且可以指定压缩算法。其中 LZW 压缩方式不会降低图像的品质，被称为"无损压缩"，但并非所有软件及输出设备都能够支持这种压缩方式，因此选用的时候必须要小心。

5. GIF 格式

GIF 是英文 Graphics Interchange Format(图形交换格式)的缩写。GIF 格式的特点是压缩比高，磁盘空间占用较少，所以这种图像格式迅速得到了广泛的应用。随着技术发展，GIF 可以同时存储若干幅静止图像进而形成连续的动画，使之成为当时支持 2D 动画为数不多的格式之一(称为 GIF89a)，而在 GIF89a 图像中可指定透明区域，使图像具有非同一般的显示效果。目前 Internet 上大量采用的彩色动画文件多为这种格式的文件，也称为 GIF89a 格式文件。

此外，考虑到网络传输中的实际情况，GIF 图像格式还增加了渐显方式，也就是说，在图像传输过程中，用户可以先看到图像的大致轮廓，然后随着传输过程的继续而逐步看清图像中的细节部分，从而适应了用户的"从朦胧到清楚"的观赏心理。目前 Internet 上大量采用的彩色动画文件多为这种格式的文件。

GIF 格式只能保存最大 8 位色深的数码图像，所以它最多只能用 256 色来表现物体，对于色彩复杂的物体它就力不从心了。尽管如此，这种格式仍在网络上广泛应用，这和 GIF 图像文件短小、下载速度快、可用许多具有同样大小的图像文件组成动画等优势是分不开的。

6. EPS 格式

EPS 格式多用于排版、打印等输出工作。EPS 格式可以用于存储矢量图形，几乎所有的矢量绘制和页面排版软件都支持该格式。在 Photoshop 中打开其他应用程序创建的包含矢量图形的 EPS 文件时，Photoshop 会对此文件进行栅格化，将矢量图形转换为位图图像。

EPS 格式支持 Lab、CMYK、RGB、索引颜色、灰度和位图色彩模式，不支持 Alpha 通道。但该格式支持剪贴路径。

7. DCS 格式

DCS 的英文全称是 Desktop Color Separation，属于 EPS 格式的一种扩展，在 Photoshop

中文件可以存储为这种格式。图像文件存储为 DCS 格式后，共有 5 个文件出现，包括 CMYK 各版以及用于预视的 72 dpi 图像文件，即所谓 Master file。

DCS 格式最大的优点是输出比较快，因为图像文件已分成四色的文件，在输出分色菲林时，图像输出时间最高可缩短 75%，所以适合大图像的分色输出。

DCS 的另一个优点是制作速度亦比较快。其实 DCS 格式是 OPI(Open Prepress Interface) 工作流程概念的一个重要部分，OPI 是指制作时会置入低解像度的图像，到输出时才连接高解析度图像，这样便可令制作速度加快。这种工作流程概念尤其适合一些多图像的书刊或大尺寸包装盒的制作，所以 DCS 格式亦只是与 OPI 概念相似，将低解像度图像置入文档，到输出时，输出设备便会连接高解像度图像。

所有的常用软件都能支持 DCS 格式。由于五个文件才合成一个图像，所以要注意五个文件的名称一定要一致，只是在原名称之后加 C、M、Y、K 标记，不能改动任何一个的名称。

8．PCX 格式

PCX 格式是 ZSOFT 公司在开发图像处理软件 Paintbrush 时开发的一种格式，存储格式从 1 位到 24 位，它是经过压缩的格式，占用磁盘空间较少。由于该格式出现的时间较长，并且具有压缩及全彩色的能力，所以 PCX 格式现在仍是十分流行的格式。

9．PNG 格式

PNG 是 20 世纪 90 年代中期开发的图像文件存储格式，其目的是替代 GIF 和 TIFF 文件格式，同时增加一些 GIF 文件格式所不具备的特性。PNG 用来存储灰度图像时，灰度图像的深度可多到 16 位，存储彩色图像时，彩色图像的深度可多到 48 位，并且还可存储多到 16 位的 α 通道数据。PNG 使用从 LZ77 派生的无损数据压缩算法。

PNG 是目前保证最不失真的格式，它汲取了 GIF 和 JPG 二者的优点，存储形式丰富，兼有 GIF 和 JPG 的色彩模式；它的另一个特点能把图像文件压缩到极限以利于网络传输，但又能保留所有与图像品质有关的信息，因为 PNG 是采用无损压缩方式来减小文件的大小，这一点与牺牲图像品质以换取高压缩率的 JPG 有所不同；它的第三个特点是显示速度很快，只需下载 1/64 的图像信息就可以显示出低分辨率的预览图像；第四，PNG 同样支持透明图像的制作，透明图像在制作网页图像的时候很有用，我们可以把图像背景设为透明，用网页本身的颜色信息来代替设为透明的色彩，这样可让图像和网页背景很和谐地融合在一起。

PNG 的缺点是不支持动画应用效果，如果在这方面能有所加强，几乎就可以完全替代 GIF 和 JPEG 了。Macromedia 公司的 Fireworks 软件的默认格式就是 PNG。现在，越来越多的软件开始支持这一格式，而且在网络上也越来越流行。

3.2　图片背景处理

在 Photoshop 中，对图像的编辑操作有很多种方法，在实施这些操作之前，有一个基本的前提，就是在图像中选出操作的对象，将对象从图片背景当中抠取出来。这个过程，我们称为"抠图"。抠图是编辑图像的首要条件，只有当图像区域被选择后，才可以对图像的区域性进行编辑而不影响其他的区域。

在 Photoshop CS 中，抠图的方法很多，最简单的做法是用魔术棒工具将背景当中相近颜色的区域选出来删掉，然后用橡皮擦工具仔细擦去背景中剩余的部分。除了使用魔术棒工具之外，还可以通过其他的选择工具、颜色范围、快速蒙版、钢笔路径、抽出滤镜、外挂滤镜 KnockOut 等工具来选取图像。

3.2.1　选区抠图

选区在图像编辑中的作用非常重要，当我们需要对图像的局部进行编辑时，就应该将其局部选取，这样才可以对图像的局部进行处理而不影响图像的其他部分。除此之外，选取图像在图像合成中也起到了不可忽视的作用。例如，从一幅图像中选取图像的某一部分，将其调入其他图像中，和其他图像进行合成，可组成新的图像效果。可见，选取图像是进行图像编辑不可缺少的重要手段。

在 Photoshop 中，常用的选择工具分为两类：规则的选择工具和不规则的选择工具。规则的选择工具包括矩形选框工具、椭圆选框工具、单行选框工具和单列选框工具。顾名思义，它们产生的选区都是规则的图形。不规则的选择工具包含套索工具、多边形套索工具和磁性套索工具。套索工具用于产生任意不规则选区，多边形套索工具用于产生具有一定规则的多边形选区，而磁性套索工具可用于制作边缘比较清晰且与背景颜色相差比较大的图片的选区，而且在使用的时候要注意其属性栏的设置，如图 3-2 所示。

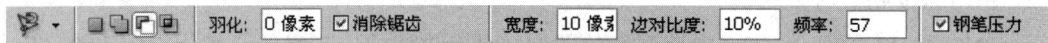

图 3-2　磁性套索工具属性栏

磁性套索工具属性栏各选项介绍如下：

(1) 选区加减的设置：新建选区时，使用 "新选区"命令较多。

(2) "羽化"选项：取值范围为 0～250，可羽化选区的边缘，数值越大，羽化的边缘越大。

(3) "消除锯齿"的功能是让选区更平滑。

(4) "宽度"的取值范围为 1～256，可设置一个像素宽度，一般使用默认值 10。

(5) "边对比度"的取值范围为 1～100，它可以设置"磁性套索"工具检测边缘图像灵敏度。如果选取的图像与周围图像间的颜色对比度较强，那么就应设置一个较高的百分比数值。反之，输入一个较低的百分比数值。

(6) "频率"的取值范围为 0～100，它是用来设置在选取时关键点创建的速率的一个选项。数值越大，速率越快，关键点就越多。当图的边缘较复杂时，需要较多的关键点来确定边缘的准确性，可采用较大的频率值，一般使用默认值 57。

另外，魔术棒工具也可以看做一种不规则选择工具建立选区用来抠图。它可以通过设置容差值的大小来设置所抠图的范围大小，"容差"的取值范围为 0～255，数值越大，选择的范围也就越大。

下面通过一个实例来讲解选择工具的使用。

实例：运用套索工具和魔术棒工具抠取图像。

(1) 在 Photoshop 中打开瀑布图片和小鸭子图片，选择【魔术棒工具】，设容差值为 10，如图 3-3 所示。然后在小鸭子图片的空白处单击，此时会形成一个对白色背景进行选取的选区，如图 3-4 所示。

图 3-3 魔术棒工具属性设置

图 3-4 选取白色区域

(2) 执行【选择】→【反选】命令(快捷键为 Ctrl + Shift + I)进行反选，这个时候所选中的就是小鸭子了，如图 3-5 所示。将鼠标切换到【移动工具】，移动鸭子到瀑布图上，如图 3-6 所示。

图 3-5 选取小鸭子

图 3-6 移动选区效果

(3) 打开山丘图片，如图 3-7(a)所示。选择【多边形套索工具】，将图中要用到的蓝天部分选取，如图 3-7(b)所示。使用【移动工具】将选区拖动到瀑布上方，如图 3-8 所示。(当然，此处也可以运用【磁性套索工具】。)

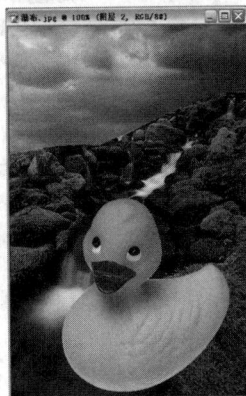

(a) (b)

图 3-7 山丘图片及选取蓝天

图 3-8 移动选区效果

(4) 选中小鸭子图层，然后执行【编辑】→【自由变换】命令(快捷键为 Ctrl + T)进行自由变形，调整小鸭子的大小和位置，并使用同样的方法调整蓝天图层，如图 3-9 所示。

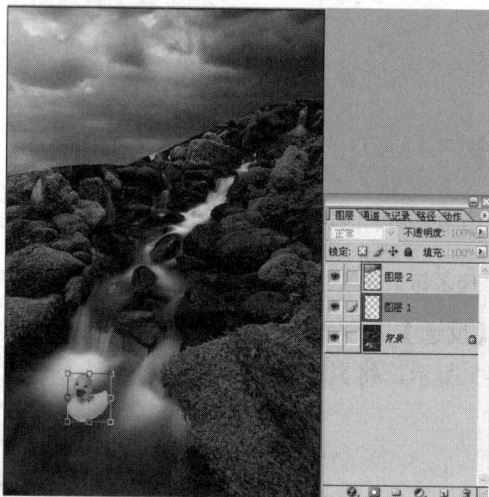

图 3-9　调整图层大小

(5) 选择【橡皮擦工具】，并按照图 3-10 所示的参数进行设定，在蓝天图层上进行涂抹，得到如图 3-11 所示的效果。需要注意的是，在涂抹的过程中，需不断对【橡皮擦工具】的参数进行更改，以得到更好的效果。

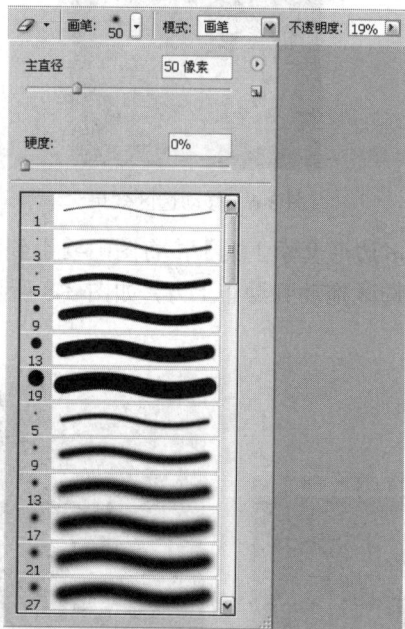

图 3-10　【橡皮擦工具】参数设置

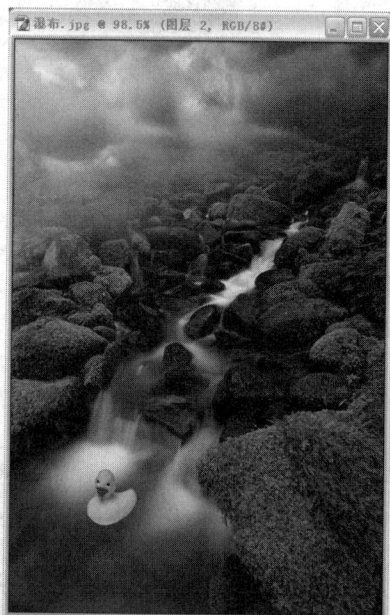

图 3-11　橡皮擦涂抹后的效果

(6) 下面对图像加一点特效。使用【椭圆选择工具】选中背景层中的河水部分，如图 3-12 所示。执行【滤镜】→【扭曲】→【水波】命令，弹出如图 3-13 所示的【水波】对话框，参照图中的数据进行参数设置。最终效果如图 3-14 所示。

图 3-12 建立椭圆选区

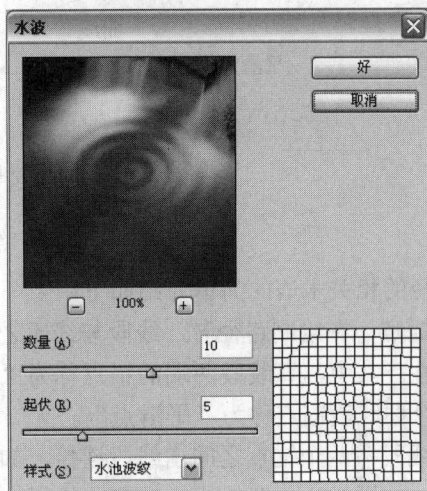

图 3-13 【水波】对话框

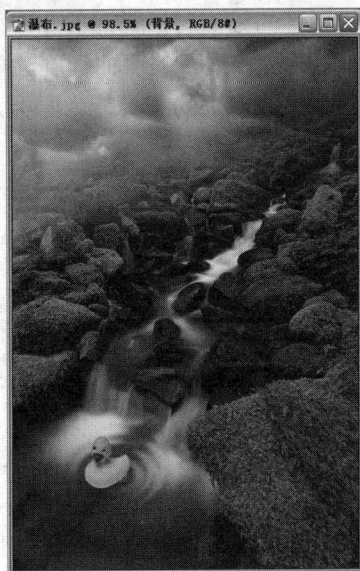

图 3-14 最终效果

3.2.2 路径抠图

在 Photoshop 中，使用路径抠图是比较常见的，尤其在印刷制版的设计中。用路径适合抠取轮廓和背景均比较复杂的图像，抠出的图像很精确，边缘也非常平滑，而且在收缩或者变形之后仍能保持平滑效果。

路径是由若干个锚点、线段和曲线构成的矢量线条。在曲线段上每个选择的锚点显示一个或两个方向线，方向线以方向点结束。方向线和点所在的位置决定了该路径的形状和大小，移动这些元素即可改变路径的形状，如图 3-15 所示。

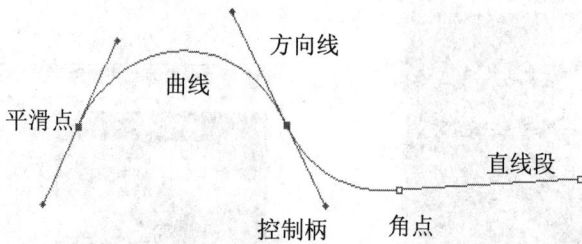

图 3-15　路径各属性详解

路径的相关术语的简单介绍如下：

● 锚点：在绘制路径时，线段与线段之间由一个锚点连接，锚点本身具有直线或者曲线的属性。其中，直线段两端的锚点称为"角点"，角点没有方向线。曲线段两端光滑连接的两个曲线段锚点称为"平滑点"。

● 线段：两个锚点之间由线段连接，如果线段两端的锚点都带有直线属性，则该线段为直线；如果任意一端的锚点带有曲线属性，则该线段为曲线。当改变锚点的属性时，通过该锚点的线段会被影响。

● 方向线：当选定带有曲线属性的锚点时，锚点的左右两侧会出现方向线，用鼠标拖曳方向线末端的"控制柄"，即可改变曲线段的弯曲程度。

在 Photoshop 的工具箱中，与路径有关的工具分为两类，即路径编辑工具和路径选择工具，如图 3-16 和图 3-17 所示。

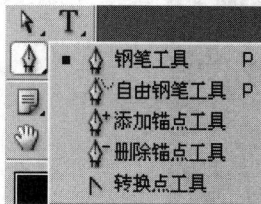

图 3-16　路径编辑工具

图 3-17　路径选择工具

路径编辑工具中的【钢笔工具】是勾绘路径的基本工具，而其余的工具能够在钢笔工具绘制路径时给予一定的辅助更改。在选中【钢笔工具】之后，在路径选项栏中有如图 3-18 所示的选项。用户可以选择是绘制一条路径还是一个矢量图形。例如，如果单击"形状图层"□按钮，则将在绘制路径时创建一个形状图层，并同时产生一个附属于形状图层的临时路径；而单击"路径"按钮□，则会在路径面板中产生一个工作路径层。

图 3-18　路径选项栏

使用钢笔工具时，在图像中每单击一下鼠标左键将创建一个锚点，而这个锚点将和上一个锚点自动连接。此时，如果按住 Shift 键创建锚点，将强制以 45°角或 45°角的整数倍绘制路径；按住 Alt 键，当钢笔工具移动锚点时，将暂时把钢笔工具转换成转换点工具；按住 Ctrl 键，将暂时将钢笔工具转换成选择工具。

下面通过一个实例来讲解路径工具抠图的使用方法。

实例：运用路径工具抠取图像。

(1) 在 Photoshop 中打开如图 3-19 所示的图片。选择工具箱中的【钢笔工具】 ，在其属性栏中单击"路径"按钮 ，在需要抠取的图像边缘中单击鼠标左键绘制一个点，然后沿此图像边缘不断单击鼠标左键，以获取更多的锚点，如图 3-20 所示。

图 3-19 示例图片 图 3-20 绘制路径

需要注意的是，在使用钢笔工具时，如果要绘制的是一条曲线，那么在曲线终点的位置单击鼠标左键时不要马上松开鼠标，拖曳鼠标可拉出一条方向线。调整控制柄的方向和长度，以使路径与图像边缘重合。为了使当前锚点的方向线不对下一条路径有影响，可以按住 Alt 键，把钢笔工具临时转换成【转换点工具】 ，并移动鼠标到当前锚点上单击鼠标左键，将一侧的方向线去掉，此时锚点是一个"角点"，再松开 Alt 键，进行下一个锚点的选取。

(2) 移动鼠标，并选取合适的锚点，在人物的边缘绘制一条完整的路径，如图 3-21 所示。如果发觉某些锚点的位置或者曲线的曲度需要改变，可以使用【直接选择工具】 选中锚点进行更改。选择【路径】面板，如图 3-22 所示。

图 3-21 绘制完整路径 图 3-22 【路径】面板

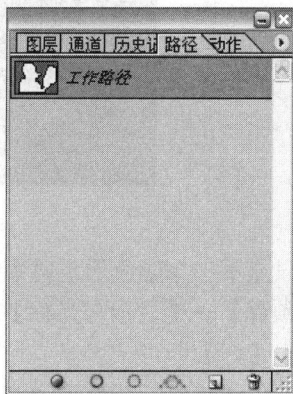

(3) 单击"将路径作为选取载入"按钮 ，将当前的路径转变为选区，效果如图 3-23 所示。此时人物就从背景当中选取出来。最终效果如图 3-24 所示。

图 3-23　将路径作为选区载入　　　　　　　　　图 3-24　最终效果

3.2.3　通道抠图

每个 Photoshop 图像都有一个或多个通道，每个通道中都存储着关于图像中颜色元素的信息。图像中的默认颜色通道数取决于图像的颜色模式。例如，一个 CMYK 图像至少有四个通道，分别代表青色、洋红、黄色和黑色信息。可将通道看成类似于印刷过程中的印版，即一个印版对应相应的颜色图层。除这些默认颜色通道外，也可以将称为 Alpha 通道的额外通道添加到图像中，以便将选区作为蒙版存储和编辑，并且可以添加专色通道为印刷添加专色印版。

默认状态下，通道控制面板中显示的都是颜色通道，即一个混合通道和相应的颜色通道。单击混合通道将同时显示所有的颜色通道，单击其中的一个颜色通道，将只显示此通道的颜色，如图 3-25 所示。

图 3-25　只显示绿通道的状态

只显示一个颜色通道时图像以黑白显示，如果要显示其应有的色彩，应该选择【编辑】→【预置】→【显示与光标】命令，在弹出的对话框中选中【通道用原色显示】复选框，再单击【好】即可。

颜色通道包括颜色通道和混合通道，其作用是保存图像的颜色信息。每一个颜色通道对应保存图像的一种颜色，例如青色模式中的通道保存图像的青色信息，如果拖动青色通道至通道控制面板下面的"删除通道"按钮 🗑 上，CMYK 混合通道和青色通道都将被删除，整幅图像中也就没有青色了。

还有一种通道叫做 Alpha 通道，Alpha 通道和颜色通道有很大的区别，其主要功能是创建、保存及编辑选区。可以将 Alpha 通道看做一个没有颜色的灰色图像，因为在 Alpha 通道中可以使用从黑到白共 256 种灰度色，其中纯白色代表选区，纯黑色代表非选区。新建的 Alpha 通道通常只有黑色或白色，但当我们使用一定的方法利用相反的颜色绘图后，就可以得到相应的选区。选区也可以被转换成 Alpha 通道，从而利用绘图的手段对其进行编辑，产生新的选区。在这里主要学习 Alpha 通道。

下面通过一个实例来讲解如何运用 Alpha 通道抠取图像。

实例：运用通道抠取图像。

(1) 在 Photoshop 中打开如图 3-26 所示的图片。然后打开通道面板，显示出图片的颜色信息。一般来说，一幅 RGB 模式的图片包含四个通道，即 RGB 综合通道和 R、G、B 三个单色通道。通道中的图像都是以灰度图片显示的，如图 3-27 所示。

图 3-26　示例图片　　　　　　　　　图 3-27　通道面板

(2) 分别单击红、绿、蓝三个通道，查看在哪个通道下人物主体与背景的对比度最大，然后点击此通道拖曳到"创建新通道"按钮 上，新建一个名为"蓝副本"的 Alpha 通道，这里选择蓝通道，如图 3-28 所示。

(3) 选择【图像】→【调整】→【色阶】命令(快捷键为 Ctrl+L)，增加人物主体与背景的对比度，如图 3-29 所示。其中的【色阶】对话框主要用来调整图像的亮度，在后面图像的色彩处理部分会进一步讲解，这里不做赘述。

图 3-28　新建"蓝副本"Alpha 通道　　　　　　图 3-29　调整色阶

(4) 使用【画笔】工具，前景色选为黑色，将人物中不够黑的地方抹黑，得到如图 3-30 所示的效果。背景当中，不够白的地方使用白色的笔刷涂白，得到如图 3-31 所示的效果。

图 3-30　黑色画笔涂抹人物主体　　　　　　图 3-31　白色画笔涂抹背景

(5) 在通道面板中选择"将通道作为选区载入"按钮 ⬚，此时通道中会建立一个选区，选择的是图像当中的白色部分，如图 3-32 所示。

(6) 在保留选区的情况下，回到图层面板，双击背景图层，将此背景图层转换为普通图层，图层的名称自动改为"图层 0"，并显示出图像原有的颜色信息，如图 3-33 所示。

图 3-32　将通道作为选区载入　　　　　　　图 3-33　将背景图层转换为普通图层

(7) 选择【选择】→【反选】命令(快捷键为 Ctrl + Shift + I)，将选区反选。如图 3-34 所示。此时可以利用前面介绍的选区的直接提取出人物图像。

(8) 在这里不利用选区直接提取人物，而使用蒙版的知识。单击图层面板下的"添加图层蒙版"按钮 ⬚，给图层添加蒙版，将图片从背景中抠取出来，如图 3-35 所示。

图 3-34　反选选区　　　　　　　　　　　　图 3-35　添加图层蒙版

(9) 完成上一步之后，就可以将图片拖动到其他的图像里了，最终效果如图 3-36 所示。

图 3-36 最终效果

这里需要注意的是，添加图层蒙版之后，选区当中的图像是保留下的内容，选区外的图像是隐藏透明的，所以我们在添加图层蒙版之前，将选区反选了一下，此时可以看到图层上多了一个图层蒙版缩略图，其中保留下的内容显示为白色，而抠取的内容显示为黑色。使用添加蒙版的方法的特点是原图层所有的信息能够继续保留下来，而不会被破坏，这是其他抠图方式无法做到的。

3.2.4 抽出滤镜

在图片的处理过程中，抠取细小的发丝或者其余细节的东西除了使用通道抠图外，Photoshop 中还有比较简单的抠图方式。这里介绍 Photoshop 中的"抽出"命令。

"抽出"是 Photoshop 中内置的一个抠图滤镜，其英文名称叫做"Extract"。【抽出】滤镜对话框为隔离前景对象并抹除它在图层上的背景提供了一种高级方法。即使对象的边缘细微、复杂或无法确定，抽出滤镜也无需太多的操作就可以将其从背景中剪切出来，它利用了图像的色差原理。

实例：运用抽出滤镜抠取图像。

(1) 在 Photoshop 中打开如图 3-37 所示的图片。

(2) 在主菜单中选择【滤镜】→【抽出】命令(快捷键为 Alt + Ctrl + X)，打开【抽出】对话框，在窗口的左边有工具栏，右边有参数选项，如图 3-38 所示。

图 3-37 示例图片

图 3-38 【抽出】对话框

(3) 使用左上角的【边缘高光】工具，根据发丝边界的清晰程度，在右边的【画笔大小】中选择粗细不同的笔触，勾出人物的轮廓，覆盖全部的边缘，如图 3-39 所示。需要注意的是，画笔在画的过程中，不能相交，线条与线条之间的边缘必须是有空隙的。

(4) 画好整体轮廓后，使用左边的【填充工具】在绿色画笔以内的任何区域点击一下，此时，已用蓝色填充了该区域，一般为默认颜色，如图 3-40 所示。

图 3-39　【边缘高光】工具勾出人物的轮廓

图 3-40　【填充工具】进行填充

(5) 点击【预览】按钮，检查抠图效果。放大图像后发现头发及身体的边缘丢失了部分细节部分，需要修复，如图 3-41 所示。

(6) 选取【边缘修饰】工具，沿着边缘拖动，可以修复图像的边缘，既可以去杂边，同时也可以恢复边界内被误删的区域，如图 3-42 所示。

图 3-41　检查抠图效果

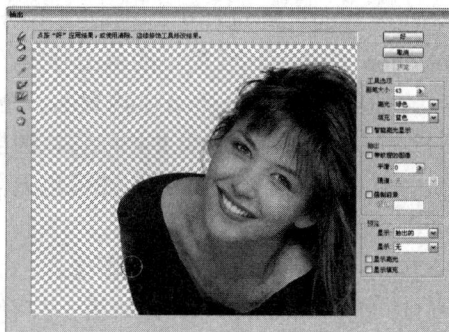

图 3-42　用【边缘修饰】工具修饰图像边缘

(7) 修复完毕后，点击【好】完成抠图并返回主程序，这样人物就从背景中抠取出来，如图 3-43 所示。此时就可以将人物放置到其他的背景图片当中，得到最终的效果如图 3-44 所示。

图 3-43　抠图效果

图 3-44　最终效果

注意：为了在清除零散边缘时获得最佳效果，可使用【抽出】对话框中的清除或边缘修饰工具，也可以使用工具箱中的【背景橡皮擦】和【历史记录画笔】工具在抽出后进行清除。

3.2.5　KnockOut 插件

KnockOut 2.0 是一个功能强大的专业抠图软件，可以把有细节边缘的图像从背景中"抠"出来，例如羽毛、阴影、头发、烟雾、透明物体等。

KnockOut 2.0 是以插件形式工作的，因此，在安装时一定要把 Destination Folder 设定为 Photoshop 的插件目录，如图 3-45 所示。

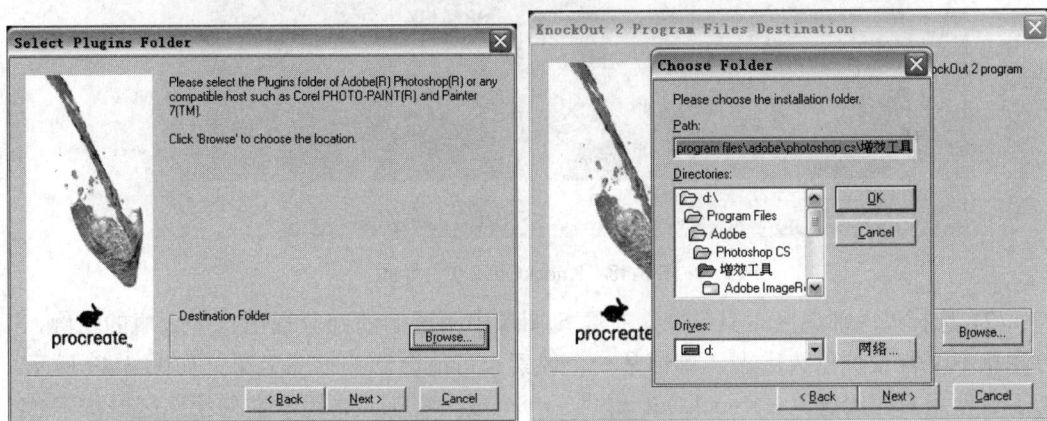

图 3-45　选择目标目录

安装完成后，启动 Photoshop，可以在滤镜菜单下找到 KnockOut 2.0，点击即可运行。

实例：运用 KnockOut 2.0 滤镜抠取图像

(1) 启动 Photoshop，打开 KnockOut 2.0 目录下的范例图像 dragonfly.tif，如图 3-46 所示。复制背景图层(KnockOut 2.0 不能对背景图层进行操作)，如图 3-47 所示。选择【滤镜】→【KnockOut 2.0】→【Load Working Layer…】，启动 KnockOut 2.0，如图 3-48 所示。

图 3-46　示例图片

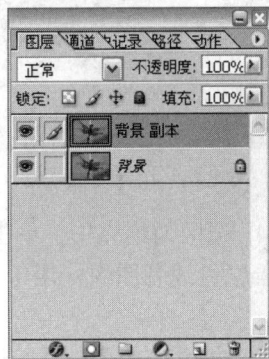

图 3-47　复制背景图层

图 3-48　KnockOut 2.0 主界面

(2) 选择"内部选区工具" ，把蜻蜓图像中不透明的部分描出一个大概的轮廓，千万注意不要背景颜色选进去，哪怕是一个像素也可能会影响抠图效果，如图 3-49 所示。为了方便用户勾绘选区，KnockOut 提供了一个放大镜工具，用户在勾绘选区时按下"L"键即可调出。另外，可以在工具选项面板上勾选"Polyonal Mode"，以多边形模式勾绘选区。

(3) 选择"外部选区工具"按钮 ，沿着蜻蜓图像的边缘勾出一个大概的轮廓，不必要求太精确，如图 3-50 所示。

图 3-49　用【内部选区工具】构建选区

图 3-50　用【外部选区工具】勾出蜻蜓的轮廓

(4) 选区勾绘完毕，单击左下角的【Process】按钮处理抠图。处理完成后，选择不同的背景颜色或者图像，用于衬托前景图像，便于检查抠图有无缺陷。抠图效果如图 3-51 所示。

(5) 选择【File】→【Apply】命令，可以输出抠图到 Photoshop 中，抠图工作完成。最终效果如图 3-52 所示。

图 3-51 抠图效果

图 3-52 最终效果

一般来说，矢量图及边缘清晰的图用魔术棒工具加上套索工具抠图最简单，选完可以单击【羽化】命令(快捷键为 Ctrl + Alt + D)。如果需要平滑的边缘用钢笔工具抠图，然后转变为选区。稍微复杂一点的可以使用 Photoshop 的抽出命令。抠头发可以使用通道制作 alpha 通道。透明物体及毛发等还可以使用 KonckOut 插件进行抠图。影楼抠人像一般有专门的小插件和录制好的动作。

3.3 图片色彩处理

调整图像色彩是处理图像的最主要操作。众所周知，学习 Photoshop 就是要学会对图像的处理。对图像进行全面的协调整理，使图像的色彩得到一个比较合理的整体效果，这就是 Photoshop 中的主要内容。本节将介绍色彩调整知识以及图像色彩的处理技法。

要想调整好一幅图像的颜色，首先应具备一定的色彩知识。可能有一部分想学习 Photoshop 的读者，在此之前没有受过专门的色彩知识的培训，不过没关系，只要结合本章讲解的内容从头学起，就会对色彩知识有一定的认识。随着知识的增多，相信大家会对图像色彩掌握得很好。在学习图像色彩调整之前，先了解一些关于色彩方面的基本知识，有助于对图像色彩的正确理解，从而调整出满意的图像色彩效果。

1. 色彩基础

首先来了解色彩的相关术语。正确理解这些术语，对调整图像色彩有很大帮助。

(1) 色相。通俗地讲，色相就是颜色的相貌，是指色彩的颜色，也就是色彩给我们的感觉。例如，我们常说红花绿草，"红"和"绿"就是两种不同的颜色。我们调整图像的色相，其实就是在调整图像的颜色。

(2) 色调。色调是指各种色彩模式下图像颜色的明暗程度。在 Photoshop 中，颜色色调的取值范围为 0~255，共有 256 种色调。调整图像的色调，其实就是调整颜色的明暗度。

(3) 颜色对比度。对比度是指颜色间的差异，包括色相对比度和色彩对比度，通过调整颜色的对比度，可以增强图像的层次感。

(4) 颜色饱和度。饱和度是指图像颜色的彩度，也就是我们常说的颜色深浅度。调整图像的颜色饱和度其实就是调整图像颜色的彩度。

2. 图像色彩模式与转换

图像的色彩模式是指图像颜色的属性。不同色彩模式的图像，其应用范围和颜色表现手法不同，因此，在进行图像效果处理时，应根据图像的应用范围，改变图像的色彩模式。【图像】→【模式】菜单下有一组命令，这些命令可以对图像的色彩模式进行转换，如图 3-53 所示。

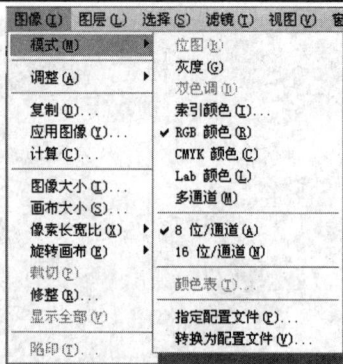

图 3-53　模式转换菜单

下面详细介绍色彩模式转换菜单中的各命令。

● 【位图】：在灰度模式条件下转换的一种图像模式，该模式使用两种颜色值(黑色或白色)之一表示图像中的图像。图 3-54 是将 RGB 图像转换为"位图"效果，在转换时必须先将 RGB 模式转换为"灰度"模式才可以进行转换。

(a) RGB 图像　　　　　　　　　　(b) "位图"效果

图 3-54　RGB 图像转换为"位图"效果

● 【灰度】：该模式使用多达 256 级的灰度。灰度图像中的每个像素都有一个 0(黑色)～255(白色)的亮度值。灰度值也可以用黑色油墨覆盖的百分比来度量(0%等于白色，100%等于黑色)。使用黑白或灰度扫描仪生成的图像通常以"灰度"模式显示，尽管灰度是标准颜色模型，但是所表示的实际灰色范围仍因打印条件而不同。

位图模式和彩色图像都可转换为灰度模式。为了将彩色图像转换为高品质的灰度图像，Photoshop 中放弃原图像中的所有颜色信息，转换后的像素的灰阶(色度)表示原像素的亮度。图 3-55 是将 RGB 图像转换为"灰度"图片的效果。

(a) RGB 图像　　　　　　　　　　(b) "灰度"图片效果

图 3-55　RGB 图像转换为"灰度"图片效果

● 【双色调】：该模式通过 2～4 种自定义油墨创建双色调(两种颜色)、三色调(三种颜色)和四色调(四种颜色)的灰度图像。

● 【索引颜色】：如图 3-56 所示，该模式使用最多 256 种颜色。当转换为索引颜色时，Photoshop 中将构建一个【颜色查找表】，用来存放并索引图像中的颜色。如果原图像中的某种颜色没有出现在该表中，那么程序将选取现有颜色中最接近的一种或使用现有颜色的模拟颜色。通过限制调色表，索引颜色可以减少文件大小，同时保持视觉品质不变，例如用于多媒体动画或 Web 页。在这种模式下只能进行有限的编辑。若要进一步编辑，应临时转换为 RGB 模式。

● 【RGB 颜色】：如图 3-57 所示，Photoshop 的 RGB 模式使用 RGB 模型，为彩色图像中每个像素的 RGB 分量指定一个 0(黑色)～255(白色)的强度值。例如，亮红色可能的 R 值为 246，G 值为 20，B 值为 50。当所有这 3 个分量的值都相等时，结果是中性灰色；当所有这 3 个分量的值均为 255 时，结果是纯白色；当所有这 3 个分量的值均为 0 时，结果是纯黑色。

　　RGB 图像通过三种颜色或通道可以在屏幕上重新生成多达 1670 万种颜色，这三个通道转换为每像素 24(8×3)位的颜色信息(在 16 位/通道的图像中，这些通道转换为每像素 48 位的颜色信息，具有再现更多颜色的能力)。新建的 Photoshop 7.0 图像的默认模式为 RGB，计算机显示器 RGB 模型显示颜色。尽管 RGB 是标准颜色模型，但是所表示的实际颜色范围仍因应用程序或显示设备而不同。Photoshop 中的 RGB 模式随【颜色设置】对话框中指定的工作空间的设置而变化。

图 3-56　索引模式　　　　　　　　　图 3-57　RGB 模式

● 【CMYK 颜色】：如图 3-58 所示，在 Photoshop 中的 CMYK 模式中，为每个像素的每种印刷油墨指定一个百分比值。为最亮(高光)颜色指定的印刷油墨颜色百分比较低，为较暗(暗调)颜色指定的百分比较高。例如，亮红色可能包含 2%青色、93%洋红、90%黄色和 0%黑色。在 CMYK 图像中，当四种分量的值均为 0%时，就会产生纯白色。在准备要用印刷色打印的图像时，应使用 CMYK 模式。将 RGB 图像转换为 CMYK 模式即会产生分色。如果由 RGB 图像开始，最好先编辑，然后再转换为 CMYK 模式。也可以使用 CMYK 模式直接处理从高档系统扫描或导入的 CMYK 图像。尽管 CMYK 是标准颜色模型，但是其准确的颜色范围会随印刷和打印条件而变化。

● 【Lab 颜色】：如图 3-59 所示，在 Photoshop 的 Lab 模式中，亮度分量(L)的范围是 0～100，a 分量(绿-红轴)和 b 分量(蓝-黄轴)的范围是 +120～−120。可以使用 Lab 模式处理 Photo CD 图像，独立编辑图像中的亮度和颜色值，在不同系统之间移动图像并将其打印到

PostScript Level 2 和 Level 3 打印机。要将 Lab 图像打印到其他彩色 PostScript 设备，应首先将其转换为 CMYK 模式。Lab 颜色是 Photoshop 在不同颜色模式之间转换时使用的中间颜色模式。

图 3-58　CMYK 模式　　　　　　　　　图 3-59　Lab 模式

● 【多通道】：如图 3-60 所示，该模式的每个通道使用 256 级灰度。多通道图像对于特殊打印非常有用，例如，转换双色调以 ScitexCT 格式打印。下列原则使用于将图像转换为多通道模式：

(1) 原图像中的通道在转换后的图像中成为专色通道。

(2) 将颜色图像转换为多通道模式时，新的灰度信息基于每个通道中像素的颜色值。

(3) 将 CMYK 图像转换为多通道模式可以创建青色、洋红、黄色和黑色专色通道。

(4) 将 RGB 图像转换为多通道模式可以创建青色、洋红和黄色通道。

(5) 从 RGB、CMYK 或 Lab 图像中删除通道，可以自动将图像转换为多通道模式。

如果要输出多通道图像，可以 Photoshop DCS 2.0 格式存储图像。

图 3-60　RGB 模式转换为多通道模式

3. 图片色彩处理

在平面设计软件中，Photoshop 的图像调整功能是首屈一指的，目前还没有任何一个软件能与其媲美。图像调整命令如图 3-61 所示。

综合应用这些图像调整命令，可以：① 对图像的对比度进行调整；② 改变图像中像素值的分布；③ 调整图像的色彩平衡度；④ 在一定精度范围内调整色调；⑤ 对图像中特定颜色进行修改。下面分别对这些命令加以说明。

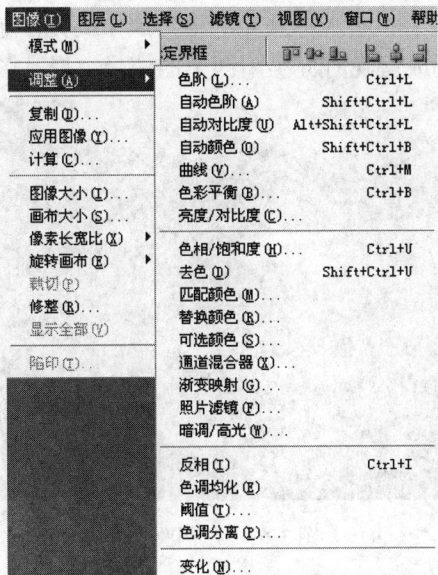

图 3-61 图像调整命令

1) 曲线

在 Photoshop 中虽然提供了众多的色彩调整工具，但实际上最为基础、最为常用的是【曲线】。其他的一些如【亮度/对比度】、【色阶】命令等，都是由此派生出来的。因此，理解了【曲线】命令，就能触类旁通地理解其他很多色彩调整命令。

使用【曲线】命令，可以精确调整图像的明亮对比度，它以曲线的形式调整 0~255 之间的任何一个像素点，通过对曲线形状的编辑可以产生各种颜色效果。单击菜单栏中的【图像】→【调整】→【曲线】命令(快捷键为 Ctrl + M)，弹出【曲线】对话框，如图 3-62 所示。

【曲线】对话框中的【通道】选项用于选择不同的颜色通道进行色彩校正。

在曲线图中，水平轴表示原来的亮度值，与下方的【输入】值相对应；垂直轴表示调整后的亮度值，与下方的【输出】值相对应。

将鼠标移动到曲线窗口中，在曲线上单击，可以添加一个调节点。拖曳该调节点，可以调整图像中该范围内的亮度值。在曲线上最多可以添加 14 个调节点。

图 3-62 【曲线】对话框

用鼠标拖曳某个调节点至曲线图以外，可删除该点，但是曲线的两个端点不允许删除。

实例：运用曲线命令调整图像。

在 Photoshop 中打开图 3-63 所示的图片，由于是数码相机拍摄的图片，因此存在图像的层次区分不够、高光不够亮、暗调不够暗等不足。通过对图像亮度的观察可以发现，近

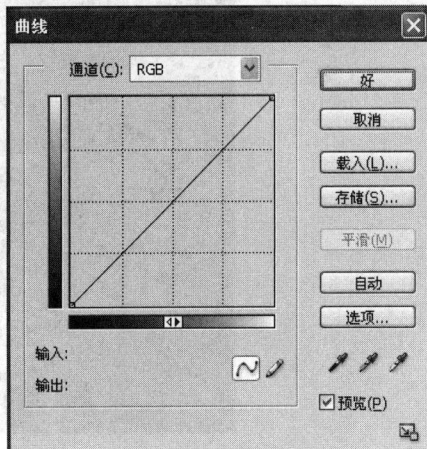

处的山体属于暗调区域，天空和湖水中反光的地方属于高光区域，远处的山体和湖水属于中间调。现在要将此图片调成傍晚时分夕阳西下的情景，提高图片的色彩层次。

图 3-63　示例图片

(1) 打开如图 3-62 所示的【曲线】对话框，其中有一条呈 45°的线段，这就是所谓的曲线。注意最上方有个【通道】选项，默认情况下为 RGB 通道。

(2)【曲线】对话框中，曲线线段左下角的端点代表暗调，右上角的端点代表高光，中间的过渡代表中间调。在线段中间单击时会产生一个控制点，然后可以进行上下移动。由于要将整幅图像调整成傍晚时分的样子，因此在中间调的部分单击产生一个控制点，然后向下移动，将画面的整体亮度降低，如图 3-64 所示。

图 3-64　调整整体亮度

(3) 傍晚时分的天空应该是金黄色的，天空属于高光部分，而金黄色是由红色加上黄色混合而成的。在【通道】下拉列表中选择【红通道】，在高光部分单击鼠标左键选取最右边的端点，向左移动，对应【输入】文本框中的数值为 222 时停止移动，表明原红通道内亮度级别为 222 之后的所有像素点全部提升到 255 的亮度级别，高光区域偏红。但是在提升高光区域的亮度的同时，中间调的亮度也跟着提升了，湖水和远山也跟着偏红，因此需要恢复到原来的颜色状态。在曲线中间的位置单击鼠标左键，产生一个控制点，向下移动到中间点的位置，如图 3-65 所示。

图 3-65 红通道的亮度

(4) 同样的原理，选择【蓝通道】，将高光区域的端点向下移动，对应【输出】文本框中的数值为 158，由于高光区域蓝色降低，由此显示出蓝色的相反色黄色。

由于中间调的部分亮度也跟着降低，画面偏黄，因此要将中间调的亮度恢复到原来的状态，相关调整如图 3-66 所示。

图 3-66 调整蓝通道的亮度

(5) 调整完之后，最终效果如图 3-67 所示。

图 3-67 最终效果

2) 色阶

【色阶】命令主要用于调节图像的明度。用色阶来调节明度，图形的对比度、饱和度损失比较小，而且色阶调整可以通过输入数字，对明度进行精确的设定。色阶属于曲线的一个分支功能。

启动 Photoshop，打开一幅图像，在主菜单中选择【图像】→【调整】→【色阶】命令(快捷键为 Ctrl + L)，调出【色阶】对话框，如图 3-68 所示。

【色阶】对话框中的各选项说明如下：

- 【通道】：选择要进行色彩校正的颜色通道。
- 【输入色阶】：三个数值框分别对应着明暗分

图 3-68　【色阶】对话框

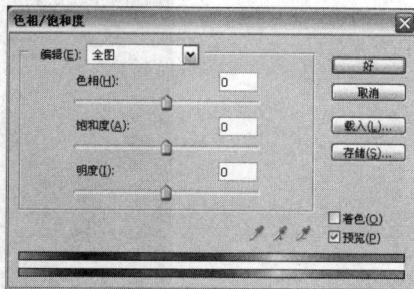

布图下的三个三角形滑块，通过它们可以调整图像的暗调、中间调和高光区的亮度，可以直接在数值框中输入数值，也可以拖动三角形滑块进行颜色亮度的调整。

- 【输出色阶】：两个数值框分别对应亮度渐变条下的两个滑块，通过它们可以调整图像中颜色的亮度值。

- 【色阶】对话框的右侧有三个吸管，分别为黑色吸管、灰色吸管和白色吸管，使用其中任何一个吸管在图像中单击，都将改变【输入色阶】的值，用这种方法可以改变图像的色彩范围。

使用【色阶】命令调整的图像效果如图 3-69 所示。

图 3-69　使用【色阶】命令调整图像

3) 色相/饱和度

【色相/饱和度】命令是以色相、饱和度和明度为基础，对图像进行色彩校正。它既可以作用于综合通道，也可以作用于单一的通道，还可以为图像染色。而且它还可以通过给像素指定新的色相和饱和度，实现给灰色图像上色彩的功能，因此是一种最常用的图像色彩矫正命令。单击菜单栏中的【图像】→【调整】→【色相/饱和度】命令(快捷键为 Ctrl + U)，弹出【色相/饱和度】对话框，如图 3-70 所示。

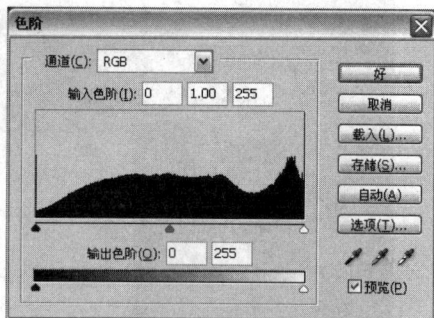

图 3-70　【色相/饱和度】对话框

在【编辑】下拉列表框中选择需要调整的颜色，分别调整【色相】(范围为–180～180)、
【饱和度】(范围为 –180～180)和【明度】(范围为 –100～100)的值，可以达到色彩校正的
目的。勾选【着色】选项，可以为灰度图进行着色。

使用【色相/饱和度】命令调整的图像效果如图 3-71 所示。

图 3-71　使用【色相/饱和度】命令调整图像

4) 色彩平衡

　　【色彩平衡】命令会在彩色图像中改
变颜色的混合，从而使整体图像的色彩平
衡。虽然【曲线】命令也可以实现此功能，
但【色彩平衡】命令使用起来更方便、更
快捷。但由于它只能对图像进行一般化的
色彩校正，所以是一种不常用的调色命令。
单击菜单栏中的【图像】→【调整】→【色
彩平衡】命令(快捷键为 Ctrl + B)，打开【色
彩平衡】对话框，如图 3-72 所示。

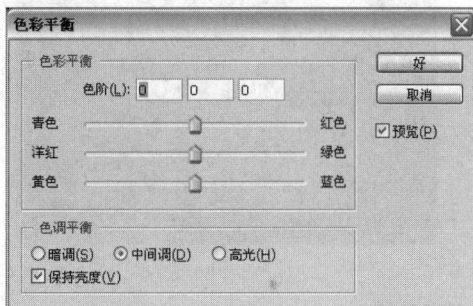

图 3-72　【色彩平衡】对话框

　　【色阶】数值框与其下方的三个三角形滑块相对应，用于调整图像的色彩。当滑块靠
左边时，颜色接近 CMYK 颜色模式；反之，颜色接近 RGB 模式。

　　【暗调】、【中间调】和【高光】三个选项用于控制不同的色调范围，在进行图像色彩
调整时，应首先调整图像的暗调区域，再调整中间调区域，最后调整高光区。勾选【保持
亮度】选项，可以保证在调整图像色彩时，图像亮度不受影响。

　　使用【色阶平衡】命令调整的图像效果如图 3-73 所示。

图 3-73　使用【色彩平衡】命令调整图像

5) 可选颜色

【可选颜色】命令通过在图像中调节印刷四分色
(C、M、Y、K)油墨的百分比来校正图像色彩。单击菜
单栏中的【图像】→【调整】→【可选颜色】命令，
打开【可选颜色】对话框，如图 3-74 所示。

在【颜色】下拉列表框中，可以选择所需要编辑
的某种颜色。拖动对话框中的滑块，或直接在数值框
中输入相应的数值，可以校正所选择的颜色。在【方
法】选项组中，【相对】表示按照相对百分比调整颜色，
【绝对】表示按照绝对百分比调整颜色。

图 3-74 　【可选颜色】对话框

使用【可选颜色】命令调整的图像效果如图 3-75 所示。

图 3-75 　使用【可选颜色】命令调整图像

6) 替换颜色

使用【替换颜色】命令，可以很轻松地将图像中较复
杂的颜色使用其他颜色替换。该命令相当于【颜色范围】
命令与【色相/饱和度】命令的合成效果。实际上，它的操
作结果与先使用【颜色范围】命令选择颜色区域后，再使
用【色相/饱和度】命令进行色彩校正是完全一样的，只不
过它的操作灵活性更强。

单击菜单栏中的【图像】→【调整】→【替换颜色】
命令，弹出【替换颜色】对话框，如图 3-76 所示。

【替换颜色】对话框中的各选项说明如下：

● 【选区】：选择其中的三个吸管工具，在图像中需要
调整的颜色区域内单击可以选择颜色范围。

● 【颜色容差】：设置选择颜色的容差范围，容差越大，
调整的范围越大，反之，调整范围越小。

● 【选区】：勾选此项，在其预览窗口中，可以看到被
选择的颜色以高亮白色显示，未被选择的颜色以黑色显示，

图 3-76 　【替换颜色】对话框

这样有利于观察所要调整的图
像范围。

● 【图像】：勾选此项，在预览窗口中只能看到原图像，有利于观察图像的选择范围。

● 【替换】：用来调整颜色的色相、饱和度及明度。
● 使用【替换颜色】命令调整的图像效果如图 3-77 所示。

图 3-77 使用【替换颜色】命令调整图像

7) 通道混合器

【通道混合器】命令主要是使用当前颜色通道的混合来修改颜色通道。使用这个命令，可以进行创造性的颜色调整，或者创建高品质的灰度图像等。单击菜单栏中的【图像】→【调整】→【通道混合器】命令，弹出【通道混合器】对话框，如图 3-78 所示。

在【通道混合器】对话框中的【输出通道】下拉列表中，可以选择要调整的色彩通道。当对 RGB 模式图像作用时，该下拉列表显示红、绿、蓝三原色通道；若对 CMYK 模式图像作用时，则显示青色、洋红、黄色、黑色四个色彩通道，如图 3-79 所示。

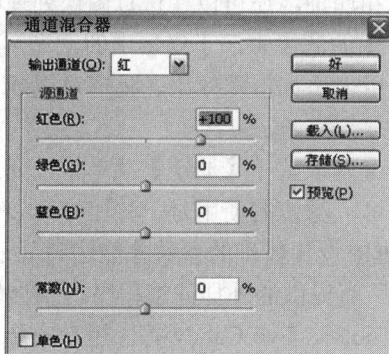

图 3-78 【通道混合器】对话框　　图 3-79 【输出通道】选项

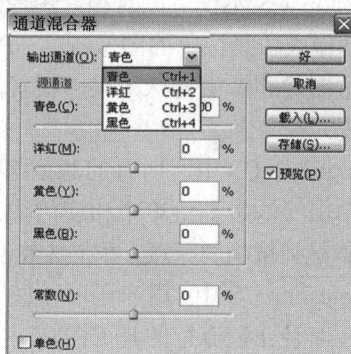

在【源通道】选项组中，可以调整各原色的值。对于 RGB 模式图像，可调整"红色"、"绿色"和"蓝色"三根滑杆，或在文本框中输入数值。在对话框底部还有一根"常数"滑杆，拖动此滑杆上的滑块或在文本框中输入数值(范围为 −200～200)可以改变当前指定通道的不透明度。此数值为负值时，通道的颜色偏向黑色；为正值时，通道的颜色偏向白色。选中对话框最底部的【单色】复选框，可以将彩色图像变成灰度图像。

8) 其他命令

【自动色阶】命令能很方便地对图像中不正常的高光或阴影区域进行初步处理，达到调整亮度的目的。

【自动对比度】命令可以让系统自动地调整图像亮部和暗部的对比度，将较暗的部分变得更暗，较亮的部分变得更亮。

【自动颜色】命令可以让系统自动地对图像进行颜色的校正。如果图像有偏色或者饱和度过高，均可使用该命令进行自动调整。

【去色】命令的主要作用是去除图像中的饱和色彩，将彩色图像转化为灰度图像。

【渐变映射】命令的主要功能是将预设的几种渐变模式作用于图像。

【反相】命令可以将像素的颜色改变为它的互补色，该命令是唯一不损失图像色彩信息的变换命令。

【色调均化】命令会重新分配图像像素亮度值，以更平均地分布整个图像的亮度色调。

【阈值】命令可以将一幅彩色图像或灰度图像转换成只有黑白两种色调的高对比度黑白图像。

【色调分离】命令可以让用户指定图像中每个通道的亮度值的数目，然后将这些像素映射为最接近的匹配色调。

【照片滤镜】命令类似于摄影时给镜头加上有色滤镜，以营造不同的色温需求。比如在白天拍摄出夜晚的效果，将阴天处理成在阳光明媚的场景下的效果。

【变化】命令可以让用户很直观地调整色彩平衡、对比度和饱和度。

3.4　图片特效处理

Photoshop CS 不仅可以对相片图像进行修复和润饰，还可以在进行图像处理时结合滤镜命令，制作成各具特色的图像制品。Photoshop 中的滤镜来源于摄影中的滤光镜，应用滤镜可以改进图像和产生特殊效果。很多滤镜都被用来添加特殊效果、处理透视或调整作品材质的外观。

在 Photoshop CS 中，所有的滤镜都按照类别分别放置于【滤镜】菜单中，使用时只需要用鼠标单击【滤镜】菜单中相应的滤镜命令即可。滤镜的使用是一种比较细致的操作，用户首先要得到精确的区域，再在参数设置对话框中设置精确的参数才能达到最好的效果。

在 Photoshop CS 中，用户还可以使用第三方厂商提供的外挂滤镜程序。外挂滤镜很多，目前比较好而且比较流行的是 KPT(Kai's Power Tools)、Eye Candy 等。用户安装这些外挂滤镜之后，它们就会显示在滤镜菜单中，可以像使用内置滤镜一样使用它们。

3.4.1　Photoshop 内置滤镜介绍

1. 【风格化】滤镜组

【风格化】滤镜组通过置换像素、查找和增加图像的对比度，在整幅图像或选择区域中产生一种绘画式或印象派艺术效果。

该滤镜组中包括【凸出】、【扩散】、【拼贴】、【曝光过度】、【查找边缘】、【浮雕效果】、【照亮边缘】、【等高线】和【风】等滤镜。

【浮雕效果】滤镜主要用来产生浮雕效果，通过将图像的填充色转换为灰色，并用原填充色描画边缘，从而使图像显得凸起或压低，如图 3-80 所示。

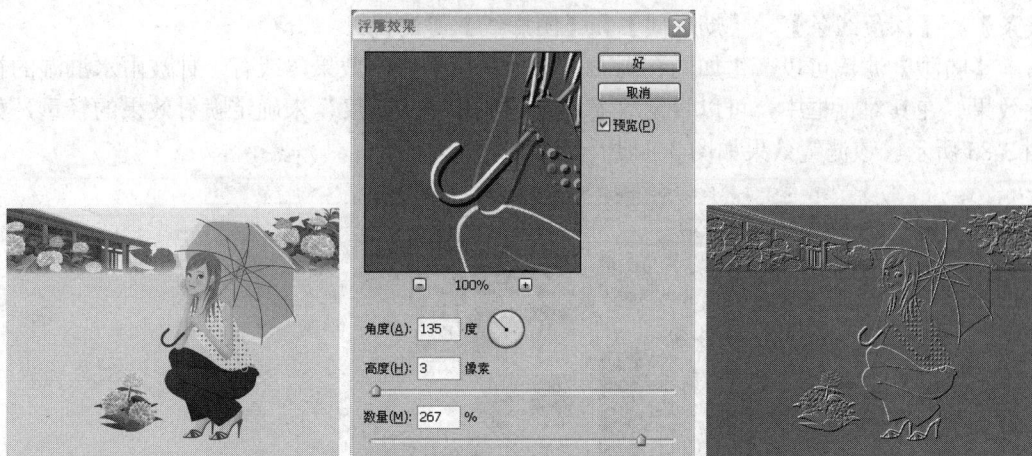

图 3-80　【浮雕效果】滤镜效果及相关参数设置

　　【查找边缘】滤镜主要用来搜索颜色像素对比度变化剧烈的边界，将高反差区变成亮色，低反差区变暗，其他区域则介于二者之间，同时将硬边变为线条，而柔边变粗，形成一个厚实的轮廓，如图 3-81 所示。

图 3-81　【查找边缘】滤镜效果

　　【照亮边缘】滤镜能够使图像产生明亮的轮廓线，从而产生一种类似于霓虹灯的亮光效果。该滤镜擅长处理带有文字的图像，如图 3-82 所示。

图 3-82　【照亮边缘】滤镜效果

2.【画笔描边】滤镜组

　　【画笔描边】滤镜组是使用不同的画笔和油墨笔触效果产生绘画式或精美艺术的外观。其中的一些滤镜为图像增加了颗粒、绘画、杂色、边缘细节或纹理，以得到点状化效果。应当注意的是，这组滤镜都不支持 CMYK 模式和 Lab 模式的图像。

　　该滤镜组包括【喷溅】、【喷色描边】、【墨水轮廓】、【强化的边缘】、【成角的线条】、【深色线条】、【烟灰墨】和【阴影线】等滤镜。

　　【喷溅】滤镜可以产生如同在画面上喷洒水后形成的效果，或有一种被雨水淋湿的视觉效果。在其对话框中，可以设定"喷色半径"和"平滑度"来确定喷射效果的轻重，如图 3-83 所示。该滤镜效果如图 3-84 所示。

图 3-83　相关参数设置

图 3-84　【喷溅】滤镜效果

　　【深色线条】滤镜可在图像中用短的、密的线条绘制与黑色接近的深色区域，用长的、白色的线条绘制图像中颜色较浅的区域，从而产生强烈的黑白对比效果。利用其对话框可以设定亮暗对比"平衡"、"黑色强度"和"白色强度"，如图 3-85 所示。该滤镜效果如图 3-86 所示。

图 3-85　相关参数设置

图 3-86　【深色线条】滤镜效果

3.【模糊】滤镜组

【模糊】滤镜组的主要作用是削弱相邻像素间的对比度，达到柔化图像的效果。它主要通过对颜色变化较强区域的像素使用平均化的手段达到模糊的效果。

该滤镜组包括【动感模糊】、【平均】、【径向模糊】、【模糊】、【特殊模糊】、【进一步模糊】、【镜头】和【高斯】等滤镜。

【动感模糊】滤镜通过在某一方向对像素进行线性位移，从而产生沿某一方向运动的模糊效果，其结果就好像拍摄处于运动状态物体的照片。该滤镜的对话框中有两个选项：【角度】和【距离】。【角度】用于控制动感模糊的方向，即产生往哪一个方向的运动效果；【距离】编辑框用于设定像素移动的距离。该滤镜效果如图 3-87 所示(在应用时可以使用选区只对车子以外的图像执行【动感模糊】命令)。

图 3-87　【动感模糊】滤镜效果

【径向模糊】滤镜能够产生旋转模糊效果，模拟前后移动或旋转相机效果。选择该滤镜时，系统将打开【径向模糊】对话框，如图 3-88 所示。【径向模糊】对话框中，【数量】选项定义模糊的强度；【模糊方法】有【旋转】和【缩放】两种方式，分别对应产生旋转模糊效果和放射状模糊效果；【品质】用于设定【径向模糊】滤镜处理图像的质量；【中心模糊】设定模糊中心的位置。

对如图 3-89 所示的素材分别使用【旋转】和【缩放】方式产生的效果如图 3-90 和图 3-91 所示。

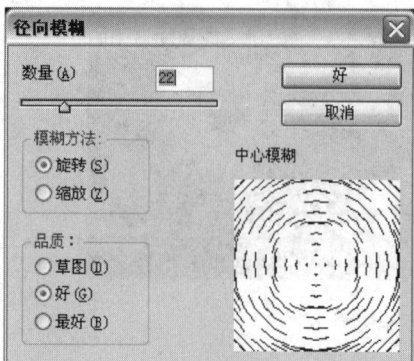

图 3-88　【径向模糊】滤镜对话框

图 3-89　素材

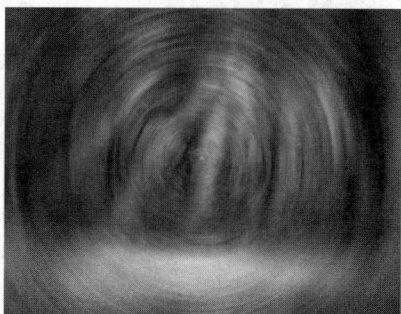

图 3-90　使用"旋转"方式

图 3-91　使用"缩放"方式

4. 【扭曲】滤镜组

【扭曲】滤镜组可以对图像进行几何变形或其他变形和创建三维效果。这些扭曲命令比如非正常拉伸、波纹等，能产生模拟水波、镜面反射、哈哈镜等效果。

值得注意的是，这些滤镜会占用较多内存，影响计算机运行的速度。

该滤镜组包括【扩散亮光】、【置换】、【玻璃】、【海洋波纹】、【挤压】、【极坐标】、【波纹】、【切变】、【球面化】、【旋转扭曲】、【波浪】和【水波】等滤镜。

【玻璃】滤镜能够模拟透过玻璃来观看图像的效果，并且能够根据用户所选用的玻璃纹理产生不同的变形。当应用"块状"纹理时，滤镜效果如图 3-92 所示。

图 3-92　【玻璃】滤镜效果

【球面化】滤镜可以将整个图像或选取范围内的图像向内或向外挤压，产生一种球面挤压的效果。在其对话框中，【数量】选项用于控制挤压的方向，正值时为向内凹陷，负值时为向外凸出。该滤镜效果如图 3-93 所示。

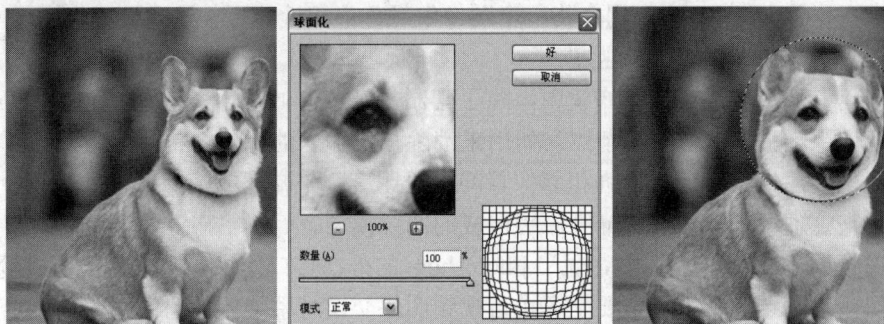

图 3-93 【球面化】滤镜效果

5. 【素描】滤镜组

【素描】滤镜组主要用来模拟素描、速写手工和艺术效果，可以制作出类似于手绘的作品，还可以给图像增加纹理，并常用于制作三维效果。许多【素描】滤镜都是使用前景色或背景色作为图像变化的主要颜色。

该滤镜组包括【基底凸现】、【粉笔和炭笔】、【炭笔】、【铬黄】、【炭精笔】、【绘图笔】、【半调图案】、【便条纸】、【影印】、【塑料效果】、【网状】、【图章】、【撕边】和【水彩画纸】等滤镜。

【基底凸现】滤镜能够产生一种类似于浮雕且用光线照射强调表面变化的粗糙效果。在图像较暗区域使用前景色，较亮区域使用背景色；执行完这个命令后，文件图像颜色只存在黑、灰、白三色。该滤镜效果如图 3-94 所示。

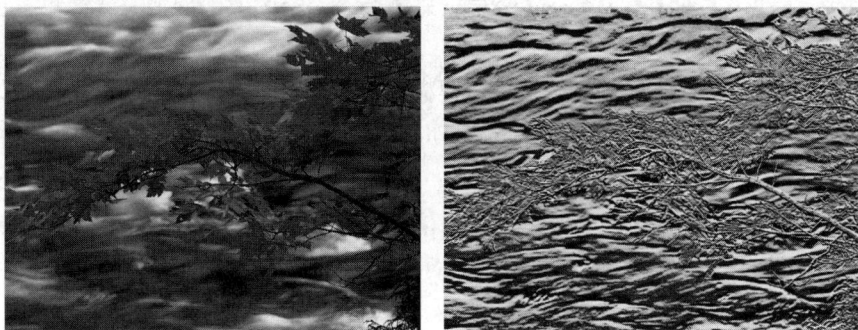

图 3-94 【基底凸现】滤镜效果

限于篇幅，其他的滤镜就不在此多作介绍，下面仅将不同的滤镜组所完成的不同效果进行简单的介绍。

【纹理】滤镜组：可以制作出多材质肌理，产生类似于天然材料的表面效果。

【艺术效果】滤镜组：可以产生出油画、铅笔画、水彩画、粉笔画和水粉画等各种不同的艺术效果。多数时候用来处理计算机绘制的图像，隐藏计算机加工图像的痕迹，使它们看起来更贴近人工创作的效果。需注意的是这组滤镜只能在 RGB 色彩模式和灰度色彩模式下执行。

【渲染】滤镜组：该组滤镜在图像中创建三维形状、云彩图案、折射图案和模拟光线反射；还可以在三维空间中操纵对象、创建三维对象(立方体、球体和圆柱)，并从灰度文件创建纹理填充，以制作类似三维的光照效果。

【像素化】滤镜组：主要用来将一个图像中颜色值相近的像素结成块或将图像平面化，这类滤镜常常会使原图像面目全非。

【杂色】滤镜组：在该组滤镜中，除了【添加杂色】滤镜用于增加图像中的杂点外，其他滤镜均用于去除图像中的杂点，如用来消除扫描输入的图像中带有的斑点和折痕。

【锐化】滤镜组：通过增强相邻像素间的对比度，来减弱或消除图像的模糊。该组滤镜可以用来处理由于摄影及扫描等原因造成的图像模糊。

【视频】滤镜组：这组滤镜输入 Photoshop 的外部接口程序，用来从摄像机输入图像或将图像输出到录像带上，主要是解决与视频图像交换时系统差异的问题。

3.4.2　滤镜实例讲解

经过前面对滤镜组的介绍，读者对于滤镜应该有了一定的了解。下面就对这些滤镜的实际应用作一介绍。

1. 简单水效果

本例中主要用到的是【分层云彩】滤镜、【高斯模糊】滤镜、【径向模糊】滤镜、【基地凸现】滤镜、【铬黄】滤镜以及【色相/饱和度】命令。

操作步骤如下：

(1) 执行【文件】→【新建】命令(快捷键为 Ctrl + N)，新建一个图像文件，设置大小为 800×600 像素，色彩模式为 RGB 颜色，背景色为白色。设置前景色和背景色为默认的黑白色(快捷键为 D)。

(2) 执行【滤镜】→【渲染】→【分层云彩】命令，给图像中增加云状效果，如图 3-95 所示。

(3) 执行【滤镜】→【模糊】→【高斯模糊】命令，对图像进行高斯模糊，在如图 3-96 所示的对话框中设置半径为 1.0 像素，效果如图 3-97 所示。

图 3-95　云彩效果图　　　　　　　　图 3-96　【高斯模糊】对话框

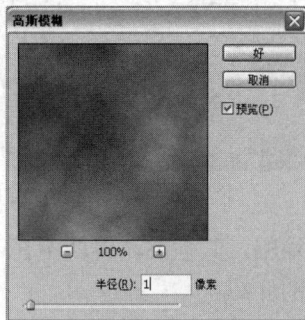

(4) 执行【滤镜】→【模糊】→【径向模糊】命令，设置参数如图 3-98 所示，效果如图 3-99 所示。

图 3-97　高斯模糊效果图　　　图 3-98　【径向模糊】对话框　　　图 3-99　径向模糊效果图

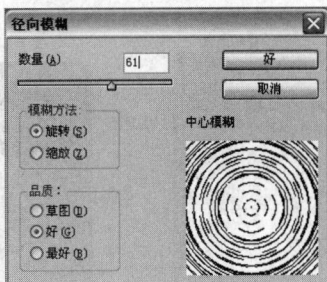

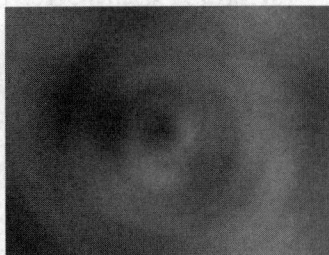

（5）执行【滤镜】→【素描】→【基地凸现】命令，显示如图 3-100 所示的对话框，设置细节为 13，平滑度为 2，光照为下，效果如图 3-101 所示。

图 3-100　【基底凸现】对话框　　　　　　　　　图 3-101　基底凸现效果图

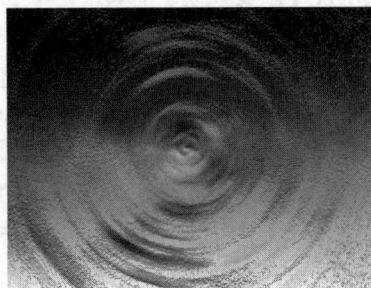

（6）执行【滤镜】→【素描】→【铬黄】命令，在图 3-102 所示的对话框中设置细节为 4，平滑度为 7，效果如图 3-103 所示。

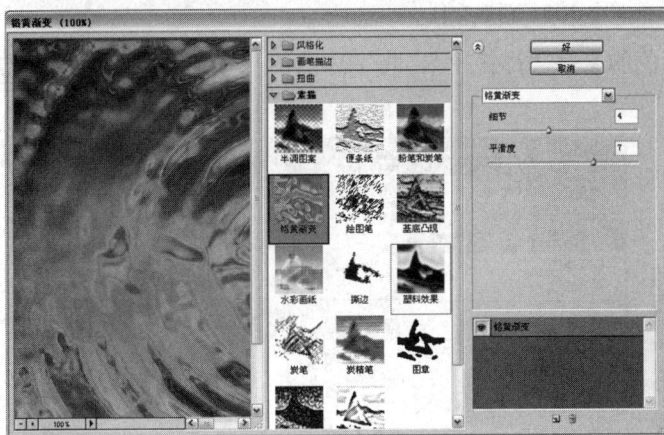

图 3-102　【铬黄渐变】对话框　　　　　　　　　图 3-103　铬黄效果图

（7）执行【图像】→【调整】→【色相/饱和度】命令(快捷键为 Ctrl + U)，弹出如图 3-104 所示的对话框，单击【着色】按钮，给图像上色。

（8）最终效果如图 3-105 所示。

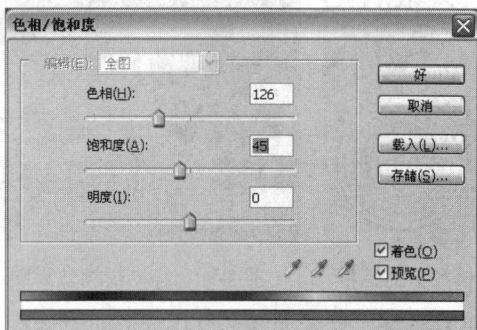

图 3-104 【色相/饱和度】对话框

图 3-105 最终效果

2．制作冰雪字

本例中主要用到的是【添加杂色】滤镜、【高斯模糊】滤镜、【晶格化】滤镜、【风】滤镜以及【渐变映射】命令。

操作步骤如下：

（1）新建一个 400×280 像素的文件，并将背景填充为黑色，如图 3-106 所示。

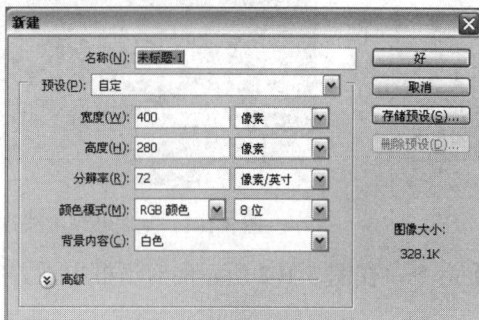

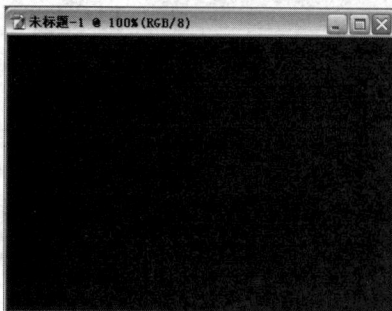

图 3-106 新建文件

（2）新建一个文字层。输入白色的文字"冰雪字"，将字体改为"华文新魏"、"斜体"，将文字图层栅格化，如图 3-107 所示。

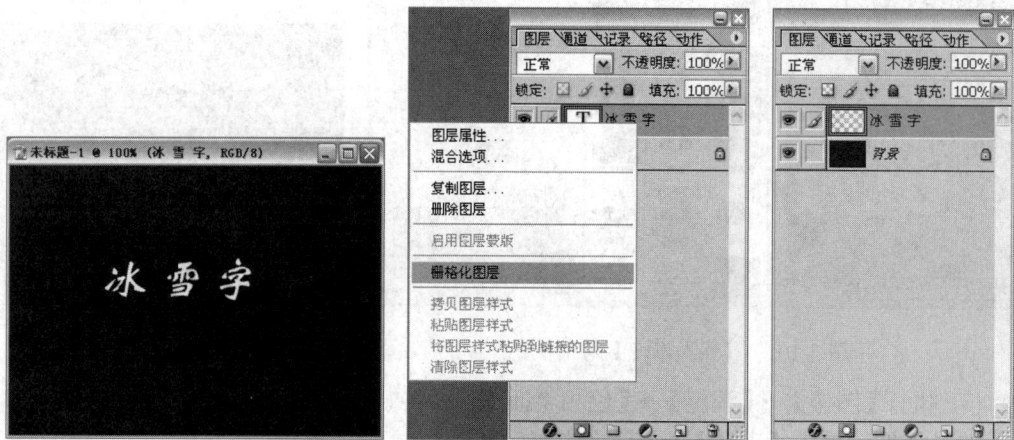

图 3-107 新建文字图层并栅格化

（3）在选中当前"冰雪字"图层的情况下，执行【滤镜】→【杂色】→【添加杂色】命令，弹出【添加杂色】对话框，参数设置如图 3-108 所示，得到如图 3-109 所示的效果。

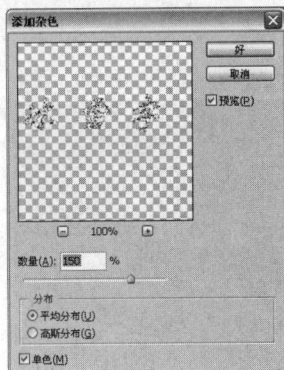

图 3-108　【添加杂色】对话框

图 3-109　【添加杂色】滤镜效果

（4）执行【滤镜】→【像素化】→【晶格化】命令，弹出【晶格化】对话框，参数设置如图 3-110 所示，得到如图 3-111 所示的效果。

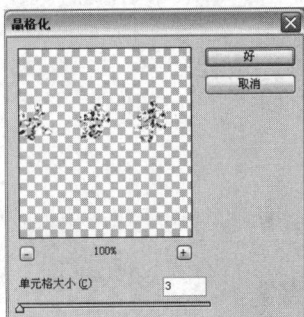

图 3-110　【晶格化】对话框

图 3-111　【晶格化】滤镜效果

（5）执行【图像】→【旋转画布】→【90 度(顺时针)】命令，得到的效果如图 3-112 所示。然后执行【滤镜】→【模糊】→【高斯模糊】命令，弹出【高斯模糊】对话框，参数设置如图 3-113 所示，得到如图 3-114 所示的效果。

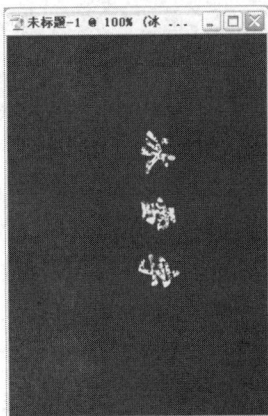

图 3-112　旋转画布效果

图 3-113　【高斯模糊】对话框

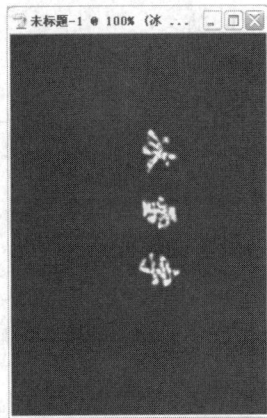

图 3-114　高斯模糊效果

(6) 执行【滤镜】→【风格化】→【风】命令，参数设置如图 3-115 所示，并执行【图像】→【旋转画布】→【90 度(逆时针)】命令，将画布旋转回去，如图 3-116 所示。

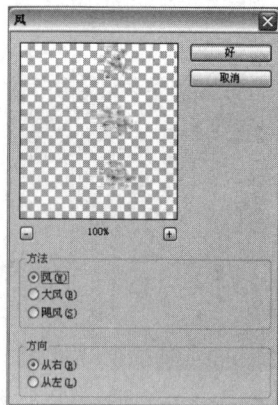

图 3-115　【风】对话框

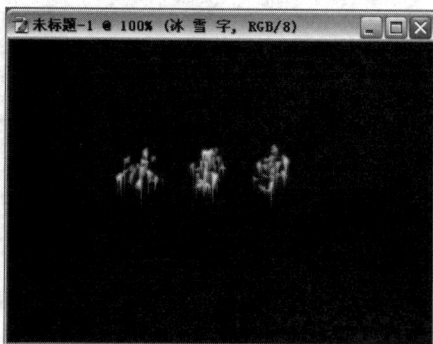

图 3-116　【风】滤镜效果

(7) 在图层面板中，建立一个"渐变映射"调整层，如图 3-117 所示。此时弹出【渐变映射】对话框，如图 3-118 所示。

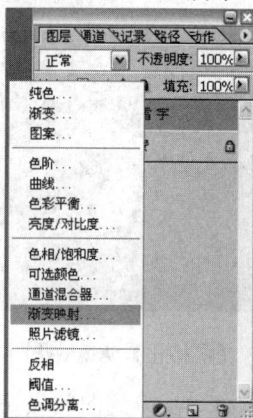

图 3-117　添加"渐变映射"调整层

图 3-118　【渐变映射】对话框

(8) 双击"点按可编辑渐变"渐变色条，弹出【渐变编辑器】对话框，设置一条从蓝到白的渐变，如图 3-119 所示。单击【好】，并将图层的混合模式改为"正片叠底"，最终效果如图 3-120 所示。

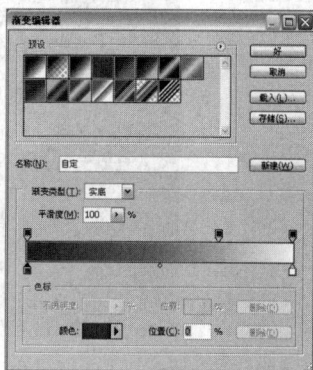

图 3-119　设置渐变颜色

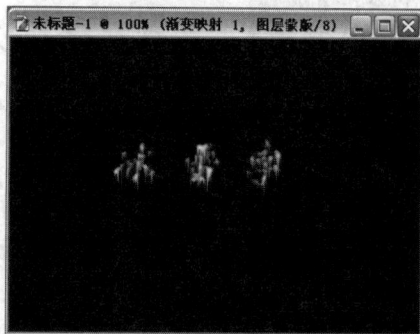

图 3-120　最终效果

3.5　图　片　合　成

顾名思义，图片的合成就是将几张图片组合在一起，并得到良好的视觉效果。在 Photoshop 中，关于图片的合成主要涉及图层、蒙版以及通道等方面的知识。前面已经涉及了其中的部分概念，本节对这些知识进行进一步的讲解。

3.5.1　图层相关知识

1. 图层的概念

我们可以把图层看做一张张叠加在一起的透明的纸，可以分别在每张纸上画图。对所画的图有什么地方不满意，可以随时进行擦除、遮盖、修改，而不会影响到其他纸上的图像。这种构造就是 Photoshop 图层的基本原理，这也是在计算机图形软件中画图与用手在纸上画图的最大区别。

2. 图层面板

图层显示和操作都集中在图层控制面板中，选择【窗口】→【图层】命令(快捷键为 F7)，弹出图层控制面板。此时图层控制面板显示当前操作文件的图层状态。如果未打开任何图像文件，图层控制面板将呈灰度显示，如图 3-121 所示。

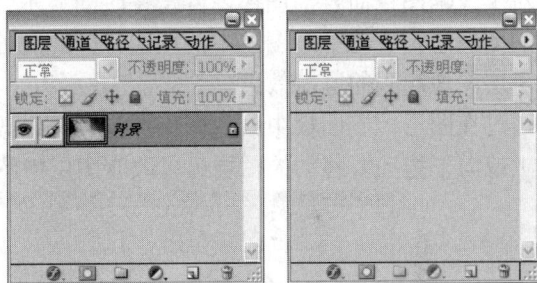

图 3-121　图层控制面板

● 在 正常 ▼(混合模式)下拉列表中可以选择相应选项以设置当前图层的一种混合模式。

● 在 不透明度:100% ▶(不透明度)数值框中输入数值可以设置当前图层的不透明度。

● 单击 锁定: ⊠ ◢ ✛ 🔒 (锁定)中的各个按钮可以锁定图层的透明像素、图像像素、移动位置和所有属性。

● 在 填充:100% ▶(填充)数值框中输入数值可以设置在图层中绘制笔画的不透明度。

● 每一个图层最左侧的眼睛图标 👁(显示)用于标志当前图是否处于显示状态。如果单击此图标使其消失，则可以隐藏图层中的内容；再次单击眼睛图标区域，可再次显示眼睛图标及图层中的图像。

● 眼睛图标右侧的画笔图标 ✐(编辑标志)用于标记当前选择的编辑图层。

● 单击图层控制面板下面的"添加图层样式"按钮 ⊘，在弹出的下拉菜单中选择一种样式，可以为当前图层添加相应的样式效果。

● 单击"添加蒙版"按钮 ▢，可以为当前操作图层增加蒙版。

● 单击"新图层组"按钮 ▢，可以创建一个图层组。

● 单击"调整图层"按钮 ⊘，可以在当前图层的上面添加一个调整图层。

● 单击"新建图层"按钮 ▢，可以在当前图层的上面创建一个新图层。

● 单击"删除图层"按钮🗑，可以删除当前选择的图层。

3. 图层的编辑

1) 新建图层

在 Photoshop 中创建图层的方法很多，在此重点讲解其中最常用的命令和方法。

(1) 所有创建图层的操作方法中，应用最频繁的方法是单击图层控制面板下面的创建新图层按钮🗐，直接在当前操作图层的上方创建一个新图层，并按创建的顺序命名为图层 1、图层 2、……，依次类推。

(2) 若要设置新建图层的属性，则选择【图层】→【新建】→【图层】命令或按住 Alt 键单击创建新图层按钮🗐，在弹出的【新建】对话框中进行设置并确认即可。

(3) 还有一种常用的创建新图层的方法是通过当前存在的选区创建新图层。即在当前图层存在选择的情况下，选择【图层】→【新建】→【通过拷贝的图层】命令将当前选区中的内容拷贝至一个新图层中。也可以选择【图层】→【新建】→【通过剪切的图层】命令将当前选择区中的内容剪切至一个新图层中。

2) 移动图层

对于一幅图像而言，图像内容重叠时的显示效果与图层的位置有密切的关系。上层图层中的图像总是遮盖下一图层中的图像，因此在处理上层图层中的图像时必须考虑到图像将对下层图像起到的遮盖效果。

通过在图层控制面板中改变图层的位置可以改变图层间的层叠关系。在图层控制面板中向上或向下拖动要移动的图层可以改变图层中图像的显示效果，如图 3-122 所示。

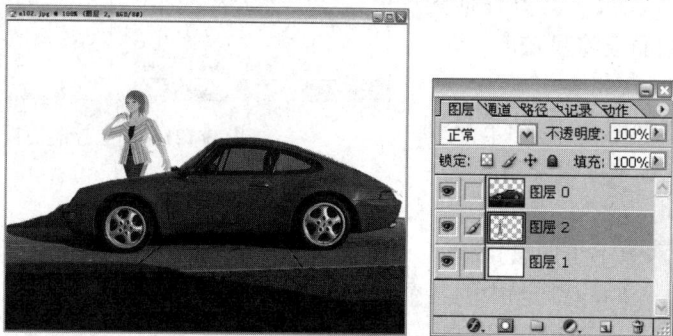

(a) 各图层效果以及在图层面板中的位置

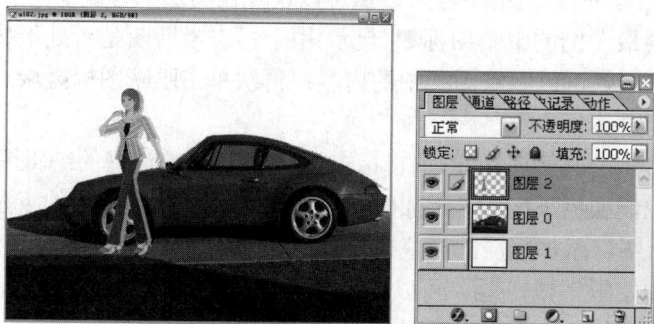

(b) 变换图层位置后的效果

图 3-122　移动图层操作示例

3）复制图层

通过复制图层可以复制图层中的图像。在 Photoshop 中，不但可以在同一图像中复制图层，还可以在两个图像间相互复制图层。

(1) 要在同一图像内复制图层，可以直接将要复制的图层拖至图层控制面板下面的"新建图层"按钮▣上；或选择要复制的图层为当前操作层，然后选择图层控制面板弹出菜单中的【复制图层】命令，并设置弹出对话框中的参数。

(2) 若要在图像间复制图层，可用移动工具将要复制的图层拖动至另一个图像文件中。

(3) 如果要复制的图层与其他图层有链接关系，则将与之链接的所有图层都复制到另一个图像文件中。

4）删除图层

删除图层的方法很简单，先选择要删除的图层为当前操作层，然后选择下述方法中的任意一种即可删除图层。

(1) 单击图层控制面板底部的"删除图层"按钮▣，在弹出的提示框中单击【是】按钮。

(2) 选择【图层】→【删除】→【图层】命令，在弹出的提示框中单击【是】按钮。

(3) 在图层控制面板中将图层拖至图层控制面板下面的"删除图层"按钮▣上。

5）链接图层

在某一个图层被选中的情况下，单击其他图层缩览图左侧的空格，当单击处出现链接图标▣后，则可以将图层与当前图层链接起来。

链接图层的优点在于，通过链接图层可以同时移动、缩放、复制全部处于链接状态的图层。再次单击链接图标▣使其消失，可解除图层间的链接关系。

4. 图层样式

图层样式为利用图层处理图像提供了更方便的处理手段。利用图层样式可以在合成图片时添加许多特殊效果，使合成后的图片拥有一定的视觉美感。

图层样式的使用非常简单。单击图层面板下方的"添加图层样式"按钮▣，在弹出的下拉菜单中任选一项，都可弹出如图 3-123 所示的对话框，在该对话框中可以对当前图层增加多种图层样式。此时可以选择所要添加的图层样式，如要给文字图层添加阴影效果，只需勾选"投影"前面的选框，并设置参数，得到如图 3-124 所示的阴影效果。

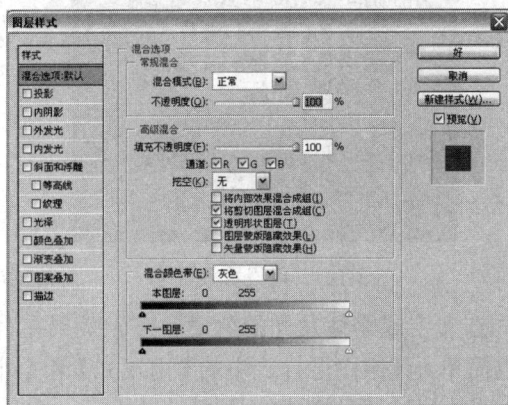

图 3-123　【图层样式】对话框　　　　　　图 3-124　阴影效果

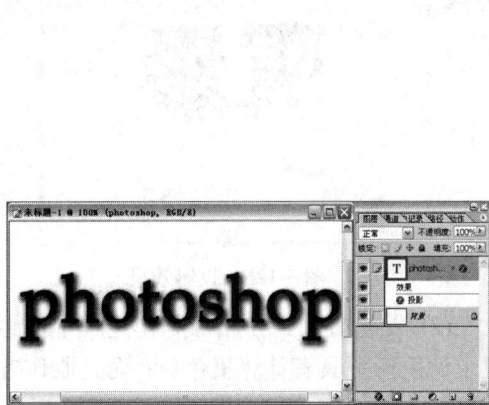

如果要在同一个图层中应用多个图层样式，则可以在打开【图层样式】对话框后，在对话框左侧的列表中选择要应用的效果。此时，在右侧将显示与图层样式相关的选项设置。

1) 常用图层样式操作

(1) 阴影效果。对于任何一个平面处理设计师来说，阴影制作是基本功。无论文字、按钮、边框还是一个物体，如果加上一个阴影，则会顿生层次感，为图像增色不少。因此，阴影制作在任何时候都使用得非常频繁，不管是在图书封面上，还是在报纸杂志、海报上，经常会看到具有阴影效果的文字。

Photoshop 提供了两种阴影效果的制作，分别是投影和内投影。这两种阴影效果的区别在于：投影是在图层对象背后产生阴影，从而产生投影视觉；内投影则是紧靠在图层内容的边缘内添加阴影，使图层具有凹陷外观。这两种图层样式只是产生的图像效果不同，而其参数选项是一样的，如图 3-125 所示。

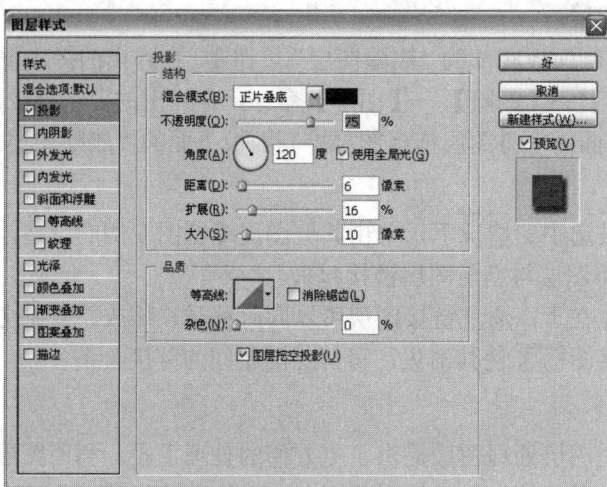

图 3-125　【投影】参数设置

图 3-126 和图 3-127 是两种不同的阴影效果。

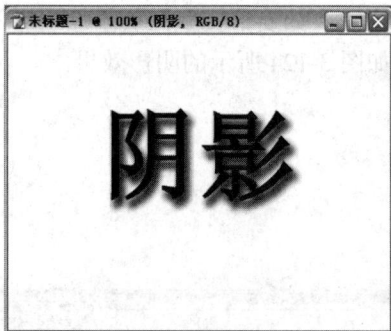

图 3-126　投影效果　　　　　　　　　图 3-127　内投影效果

(2) 发光效果。在图像制作过程中，经常看到文字或物体发光的效果。发光效果在直觉上比阴影更具有计算机色彩，而且制作方法也简单，使用图层样式中的【内发光】和【外发光】命令即可。图 3-128 和图 3-129 所示是分别使用这两种样式的效果。

图 3-128　外发光效果

图 3-129　内发光效果

(3) 斜面和浮雕效果。执行【斜面和浮雕】命令就可以制作出立体感强的文字。此效果在制作特效字时应用得十分广泛，可以对如图 3-130 所示的选项参数进行设置得到想要的效果。

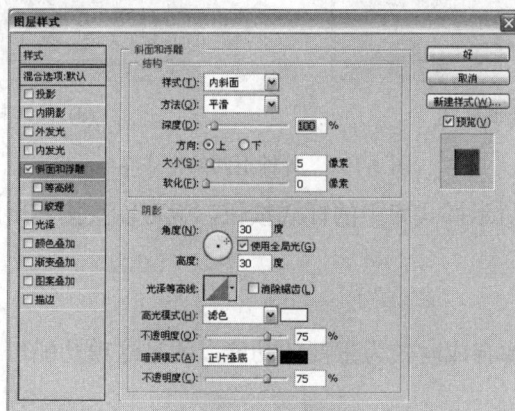

图 3-130　【斜面和浮雕】参数设置

图 3-131 所示是各种应用了不同斜面和浮雕效果的图像。

(a) 内斜面效果

(b) 外斜面效果

(c) 枕状浮雕效果

图 3-131　应用不同的斜面和浮雕效果

2) 使用【样式】面板

Photoshop 提供了一个【样式】面板。该面板专门用于保存图层样式，在下次使用时就不必再次编辑，而可以直接进行应用。下面介绍【样式】面板的使用。

　　Photoshop 带有大量已经设置好的图层样式，可以通过【样式】面板弹出命令菜单载入各种样式库，如图 3-132 所示。

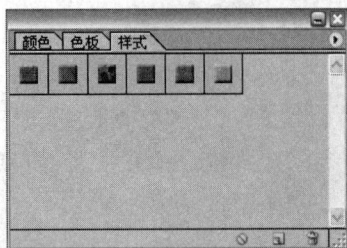

(a) 抽象样式

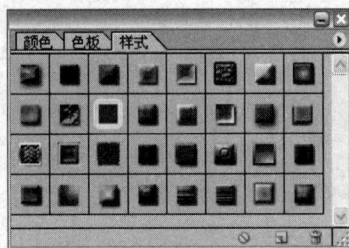

(b) 按钮样式

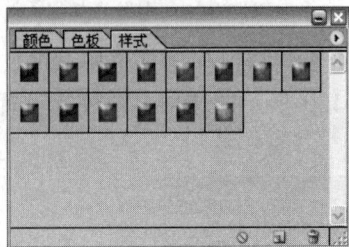

(c) 玻璃样式

(d) 纹理样式

图 3-132　各种不同的样式库

　　只需单击图 3-132 所示样式库中的样式按钮，就可以直接套用所选样式，这里就不再赘述了。

5．图层的混合模式

　　图层混合模式是图像合成时较为重要的功能。通过这项功能可以完成较多的图像合成效果。

　　混合模式的选项位于图层面板的"设置图层的混合模式"下拉列表中。下面对图层的合成模式效果进行更详细的讲解。

　　● 正常：系统默认的色彩混合模式。选择此模式，新绘制的图案或选定的"图层"将完全覆盖原来的颜色。

　　● 溶解：选择此模式，系统将绘制的颜色随机取代底色，以达到溶解效果。

　　● 变暗：选择此模式，系统将绘制颜色和底色进行比较，底色中较亮的颜色被较暗的颜色代替，而较暗的颜色不变。

　　● 正片叠底：选择此模式，绘制的颜色将和底色相乘，使得底色颜色变深。

　　● 颜色加深：选择此模式，图像颜色将在原来的基础上加深。

　　● 线性加深：选择此模式，绘制的图像将和底色混合后再线性加深，其结果将比通常的原色图像更深。

　　● 变亮：此模式与加暗模式相反，在此不再详述。

　　● 滤色：选择此模式，系统将绘制的颜色与底色的互补色相乘后再转为互补色，此结果通常要比原图像颜色浅。

　　● 颜色减淡：选择此模式，系统将像素的亮度提高，以显示绘图颜色。

- 线性减淡：选择此模式，系统将像素的亮度提高，呈线性混合。
- 叠加：选择此模式，绘制的颜色将与底色叠加，并保持底色的明暗度。
- 柔光：选择此模式，可以调整图像的灰度，当绘图颜色少于50%时，图像变亮，反之则变暗。
- 强光：选择此模式，当绘图颜色大于50%的灰度时，将以屏幕模式混合；反之，则以叠加模式混合。
- 亮光：选择此模式，可以得到漂白和增强亮度的效果，使颜色更鲜艳。
- 线性光：选择此模式，可以得到线性增亮效果。
- 点光：选择此模式，可以得到集中光线的增亮效果。
- 差值：选择此模式，系统将以绘图颜色和底色中较亮的颜色减去较暗的颜色亮度，因此，当绘图颜色为白色时，可以使底色反相，绘图颜色为黑色时，原图不变。
- 排除：此模式与差异模式相似。
- 色相：选择此模式，图像的亮度和彩度由底色决定，但色相由绘图颜色决定。
- 饱和度：选择此模式，图像的亮度和色相由底色决定，但饱和度由绘图颜色决定。
- 颜色：选择此模式，图像的明度由底色决定，但色相与饱和度由绘图颜色决定。
- 亮度：选择此模式，图像的明度由绘图颜色决定，但色相与饱和度由底色决定。

1) 蒙版的概念

通过以上的学习，我们知道除背景图层以外的其他图层都是透明的。当我们在图层上绘图后，上方图层中的图像将盖住下方图层中的图像，没有图像的区域仍将呈透明状态。

蒙版可以帮助我们实现图像的渐隐效果，制作出真实的投影、阴影以及图像合成效果，是编辑图像的重要工具，在很多时候都是使用蒙版来合成图片。在 Photoshop 中有两种蒙版：一种是临时性的蒙版，我们叫它"快速蒙版"，主要用来选择图像，通常和【通道】功能结合使用；另一种是"图层蒙版"，主要用来制作一些图像特殊效果，在当前层中增加"图层蒙版"后，可以使用黑、白、灰三色对其进行编辑，从而产生图像的透明、不透明和半透明度效果。下面将用一个实例讲解图层蒙版的使用。

2) 实例讲解

(1) 在 Photoshop 中打开如图 3-133 所示的图片。

图 3-133 示例素材

(2) 将鱼所在的素材拉入海底素材中，在图层面板中单击"添加图层蒙版"按钮，如图 3-134 所示，此时整个蒙版呈现白色。

(3) 在工具箱中选择画笔工具，选择默认的前景色和背景色(快捷键为 D)，在蒙版上进行涂抹。在这里需要注意的是，在涂抹时图层后链接的蒙版必须是框选状态，否则就会涂抹到图层上，如图 3-135 所示。

图 3-134　添加图层蒙版

图 3-135　蒙版被选中状态

（4）使用黑色的笔刷在需要抠出的地方进行涂抹，如果不小心涂在鱼的身上，可以换成白色的笔刷在鱼身在涂抹。在鱼身的边缘可以使用边角比较柔和的画笔。最终涂抹后的效果如图 3-136 所示，涂抹后的蒙版可以在通道面板中找到，此时它已经被存储为一个 Alpha 通道，形状如图 3-137 所示。

图 3-136　使用画笔涂抹蒙版的效果

图 3-137　涂抹后的蒙版

由此可以看出，"图层蒙版"相当于一个透明的保护层，被"图层蒙版"覆盖的图像区域将不受其他操作的影响，我们可以对"图层蒙版"进行编辑。例如，用黑色编辑"图层蒙版"，图层将显示透明效果；用白色编辑"图层蒙版"，图层将显示不透明效果；用灰色编辑，则显示半透明效果。

在上一个实例中，如果首先就有一个选区，那此时添加图层蒙版，直接就可以将鱼抠取出来，选区选择的部分就是蒙版中白色的部分，而未选择的部分显示为黑色，如图 3-138 所示。

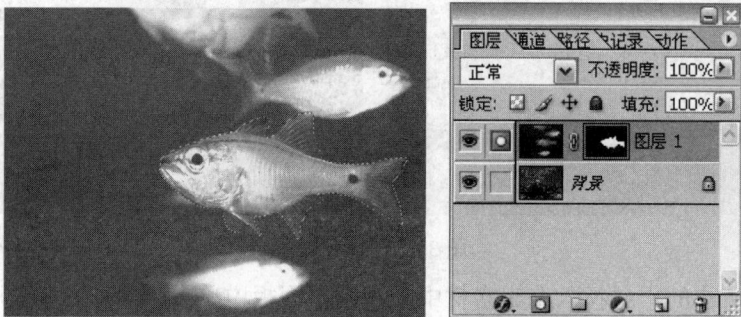

图 3-138　在有选区的情况下添加图层蒙版

3.5.2 图片合成综合实例讲解

本实例主要运用蒙版和图层的知识合成图片，图 3-139 所示是最终的效果图。

图 3-139 最终效果

(1) 打开如图 3-140 所示的图片，并将背景图层改为普通图层。为使图片看上去更自然，使用【色阶】对话框调整图像，参数设置如图 3-141 所示。

图 3-140 示例图片   图 3-141 调整色阶

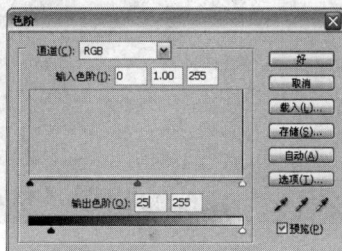

(2) 现在为建筑增强对比。执行【滤镜】→【锐化】→【USM 锐化】命令，在打开的【USM 锐化】对话框中调整参数如图 3-142 所示。执行 USM 锐化后的效果如图 3-143 所示。

图 3-142 【USM 锐化】对话框   图 3-143 USM 锐化后的效果

(3) 使用【套索】工具选取天空，适当羽化一下，这里设为 2 个像素，然后反选，如图 3-144 所示。然后给本图层添加图层蒙版，如图 3-145 所示。

图 3-144　选取天空

图 3-145　添加图层蒙版后的效果

(4) 打开如图 3-146 所示的天空素材，将其放置到城市图层下面，如图 3-147 所示。

图 3-146　天空素材

图 3-147　放置天空素材到底层

(5) 调出【色阶】对话框，针对天空图层适当调整亮度。然后打开【色相/饱和度】对话框，适当降低饱和度，如图 3-148 所示。调整后的效果如图 3-149 所示。

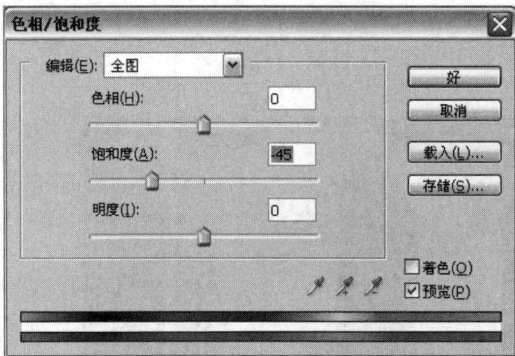

图 3-148　【色相/饱和度】对话框

图 3-149　调整色阶与饱和度后的效果

(6) 为使中间建筑上方的白色部分变得透明，使用【套索】工具对白色的部分进行选取，并设置很小的羽化，如图 3-150 所示。之后按 Ctrl + Shift + J 键剪切所选择的部分，此时图层中会建立一个新的图层，并将图像的混合模式改为【正片叠底】，如图 3-151 所示。调整后的效果如图 3-152 所示。

图 3-150 选取白色部分

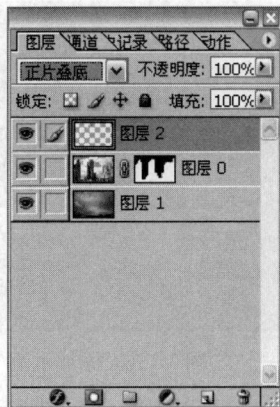

图 3-151 更改图层混合模式

(7) 打开水流素材,并使用【抽出】滤镜抠出水流的中间部分,如图 3-153 所示。

图 3-152 更改混合模式后的效果

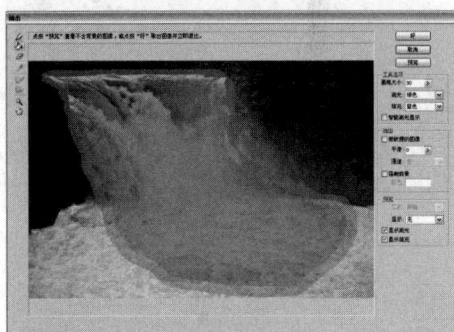

图 3-153 【抽出滤镜】对话框

(8) 将抽出的水流放置到建筑的空隙处,并适当调整大小,如图 3-154 所示。为了将建筑后的水流遮住,给本水流图层添加一个图层蒙版,并用黑色的笔刷涂抹应当遮盖住的地方,效果如图 3-155 所示。在这里尽量将水流的细节表现出来。

图 3-154 加入水流

图 3-155 画笔涂抹蒙版后的效果

(9) 将水流图层复制一层,移动水流图层副本至另一个空隙处,然后水平翻转,使用画笔进行涂抹,得到如图 3-156 所示的效果。为使添加的水流更加自然,可以添加一些阴影。在此水流图层副本下新建一个图层,设置混合模式为【正片叠底】,然后在水流下方的建筑上使用中度灰色柔角画笔涂抹,营造阴影效果,如图 3-157 所示。

图 3-156　添加水流

图 3-157　为水流添加阴影

　　(10) 同样的原理，利用所给的水素材，继续为街道的空隙处添加水流，得到最终的效果如图 3-139 所示。

第四章　Photoshop 文字工具

要点难点

要点：
- 文本、段落文本与文字的转换；
- 文字变形效果；
- 在路径上创建并编辑文字。

难点：
- 文字的编辑方法及变形文字和路径文字的制作。

难度：★

技能目标

- 学会 Photoshop 中文字的输入以及编辑方法；
- 了解并掌握文字的功能及特点；
- 掌握点文字、段落文字的输入方法，变形文字的设置以及路径文字的制作。

4.1　文字工具概述

文字工具在 Photoshop 的学习中是非常重要的内容，因为使用 Photoshop 制作广告、海报、招贴、包装、网页效果等，在处理完图像后，都要或多或少地添加上文字，作为注释或者点缀，而且使用 Photoshop 还可以制作很多文字效果。因此，熟练掌握 Photoshop 中的文字工具是很重要的。

Photoshop 保留基于矢量的文字轮廓，并在缩放文字或调整文字大小、存储 PDF 或 EPS 文件或将图像打印到 PostScript 打印机时使用它们。显然，也可能生成与分辨率无关的犀利边缘的文字。但是，在 Photoshop 中将文字进行栅格化后，字符就由像素组成，并且与图像文件具有相同的分辨率。当放大图像时，字符也会出现锯齿状边缘。

4.2　文字工具的基本操作

4.2.1　文本、段落文本与文字的转换

1. 输入水平、垂直文字

文字工具属性栏如图 4-1 所示。选择"横排文字"工具，或按 T 键，在页面中单击插

入光标，可输入横排文字。选择"直排文字"工具，可以在图像中建立垂直文本。创建垂直文本工具属性栏和创建文本工具属性栏的功能基本相同。

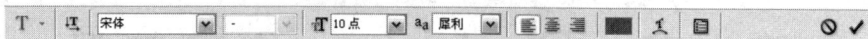

图 4-1　文字工具属性栏

2. 创建文字形状选区

(1) 横排文字蒙版工具：可以在图像中建立文本的选区。创建文本选区工具属性栏和创建文本工具属性栏的功能基本相同。

(2) 直排文字蒙版工具：可以在图像中建立垂直文本的选区。创建垂直文本选区工具属性栏和创建文本工具属性栏的功能基本相同。

3. 字符设置

【字符】控制面板用于编辑文本字符。选择【窗口】→【字符】命令，弹出【字符】控制面板如图 4-2 所示。

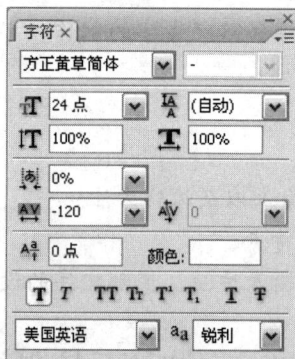

图 4-2　【字符】控制面板

4. 栅格化文字

选择【图层】→【栅格化】→【文字】命令，或用鼠标右键单击文字图层，在弹出的菜单中选择【栅格化文字】命令，可以将文字图层转换为图像图层。

5. 输入段落文字

在图像窗口中选择【横排文字】工具，单击并按住鼠标不放，拖曳鼠标在图像窗口中创建一个段落定界框，插入点显示在定界框的左上角。段落定界框具有自动换行的功能，如果输入的文字较多，当文字遇到定界框时，会自动换到下一行显示所输入的文字。如果输入的文字需要分出段落，可以按 Enter 键进行操作，还可以对定界框进行旋转、拉伸等操作。

6. 编辑段落文字的定界框

将鼠标放在定界框的控制点上，拖曳控制点可以按需求缩放定界框。按住 Shift 键的同时拖曳控制点，可以成比例地拖曳定界框。

将鼠标放在定界框的外侧，拖曳控制点可以旋转定界框。按住 Ctrl 键的同时，将鼠标放在定界框的外侧，拖曳鼠标可以改变定界框的倾斜度。

7. 段落设置

【段落】控制面板用于编辑文本段落。选择【窗口】→【段落】命令，弹出【段落】控制面板。

8. 横排与直排

在图像中输入横排文字，选择【图层】→【文字】→【垂直】命令，文字将从水平方向转换为垂直方向。

9. 点文字与段落文字、路径、形状的转换

选择【图层】→【文字】→【转换为段落文本】命令，可将点文字图层转换为段落文字图层；选择【图层】→【文字】→【转换为点文本】命令，可将建立的段落文字图层转换为点文字图层。

选择【图层】→【文字】→【创建工作路径】命令，可将文字转换为路径。

选择【图层】→【文字】→【转换为形状】命令，可将文字转换为形状。

4.2.2　文字变形效果

1. 制作扭曲变形文字

在图像中输入文字，单击文字工具属性栏中的"创建文字变形"按钮 ，弹出【变形文字】对话框，在【样式】选项的下拉列表中包含多种文字的变形效果，如图 4-3 所示。

2. 设置变形选项

如果要修改文字的变形效果，可以调出【变形文字】对话框，在对话框中重新设置样式或更改当前应用样式的数值。

3. 取消文字变形效果

如果要取消文字的变形效果，可以调出【变形文字】对话框，在【样式】选项的下拉列表中选择"无"。

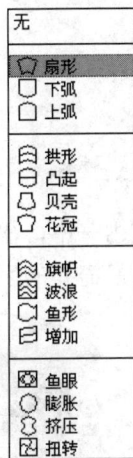

图 4-3　【变形文字】控制面板

4.2.3　在路径上创建并编辑文字

1. 在路径上创建文字

选择【钢笔工具】，在图像中绘制一条路径。选择【横排文字工具】，将鼠标放在路径上，单击路径出现闪烁的光标，此处为输入文字的起始点。输入的文字会沿着路径的形状进行排列。取消【视图/显示额外内容】命令的选中状态，可以隐藏文字路径。

2. 在路径上移动文字

选择【路径选择工具】，将光标放置在文字上，单击并沿着路径拖曳鼠标，可以移动文字。

3．在路径上翻转文字

选择【路径选择工具】，将光标放置在文字上，将文字向路径内部拖曳，可以沿路径翻转文字。

4．修改路径绕排文字的形态

创建了路径绕排文字后，同样可以编辑文字绕排的路径。选择【直接选择工具】，在路径上单击，这时路径上显示出控制手柄，拖曳控制手柄修改路径的形状，文字会按照修改后的路径进行排列。

4.3　文字工具的运用实例

这里介绍一个文字工具的运用实例，操作步骤如下：

(1) 首先创建一个文档，大小自定。

(2) 按 T 键或者直接单击选择文字工具，如图 4-4 所示。

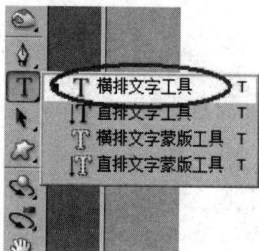

图 4-4　文字工具

在画面内点击一下，出现文字编辑框，输入文字之后，全选文字，黑色表示文字在选择状态。选择自己需要的字体、文字大小和文字颜色，如图 4-5 所示。

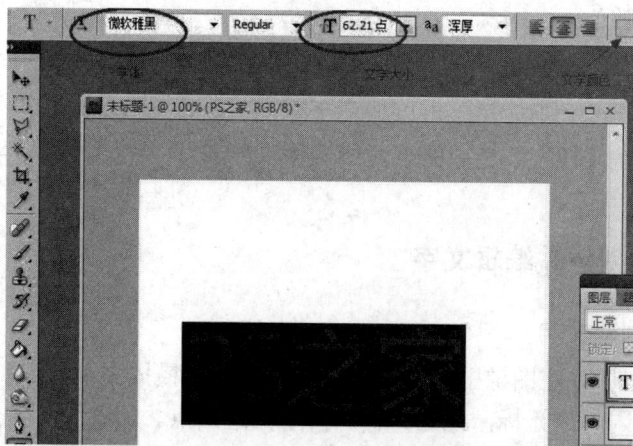

图 4-5　文字工具属性栏设置

(3) 保证文字都在选择状态，点击颜色，就出现了颜色选择窗口，如图 4-6 所示。在选择的过程中，文字就会跟着变色，方便观察。

图 4-6　文字颜色设置

(4) 右键点击文字工具，在下拉窗口中选择【直排文字工具】，如图 4-7 所示。

(5) 如果需要复制一个文字或者图片，只要选择它所在的图层，然后按住 Alt 键，向旁边移动，即可复制一个文字(或图层)，如图 4-8 所示。

图 4-7　选择【直排文字工具】

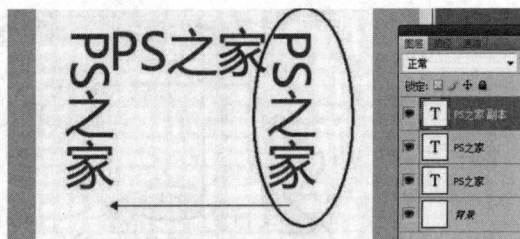

图 4-8　文字图层的复制

复制一个文字或图层，可进行轴对称变换。按 Ctrl + T 键，进入自由变换状态，右键选择旋转 180°，如图 4-9 所示。

(6) 右键单击图层面板下的"fx"打开混合选项(如图 4-10 所示)，或者直接双击文字图层，弹出图层样式面板。

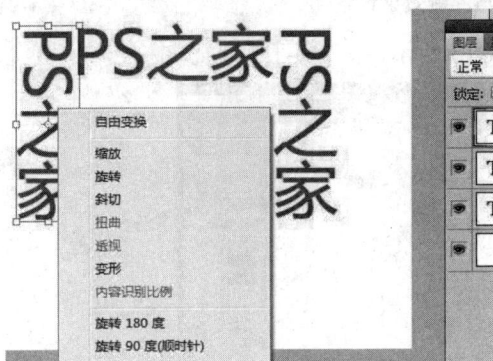

图 4-9　文字的自由变换

图 4-10　文字图层样式设置

(7) 进行文字投影效果的设置，如图 4-11 所示。

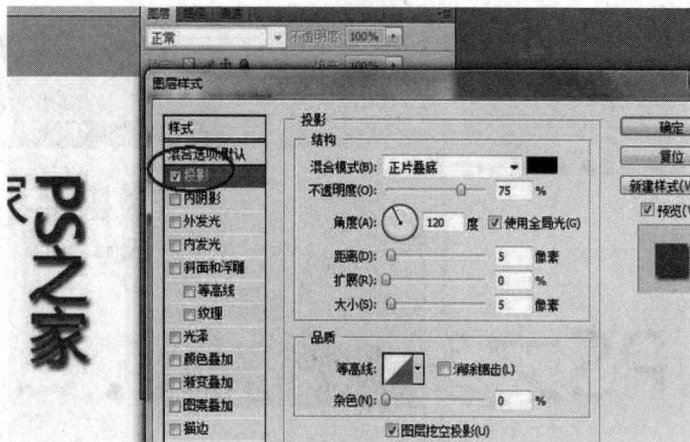

图 4-11　文字投影效果设置

（8）进行斜面与浮雕效果的设置，如图 4-12 所示。斜面与浮雕是非常关键的一个效果，它可让文字立体起来。附带的等高线和纹理也是非常重要的，主要应用于在文字上叠加纹理效果。

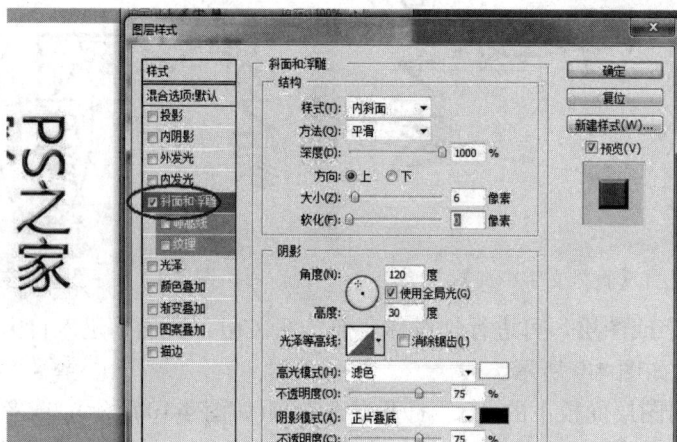

图 4-12　文字斜面与浮雕效果设置

（9）进行文字颜色叠加效果的设置，如图 4-13 所示。

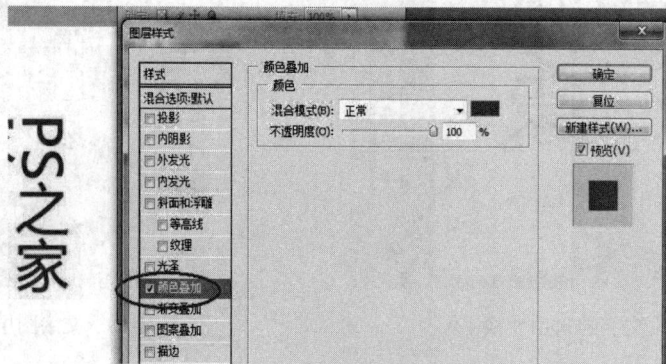

图 4-13　文字颜色叠加效果设置

(10) 进行文字渐变叠加效果的设置，如图 4-14 所示。

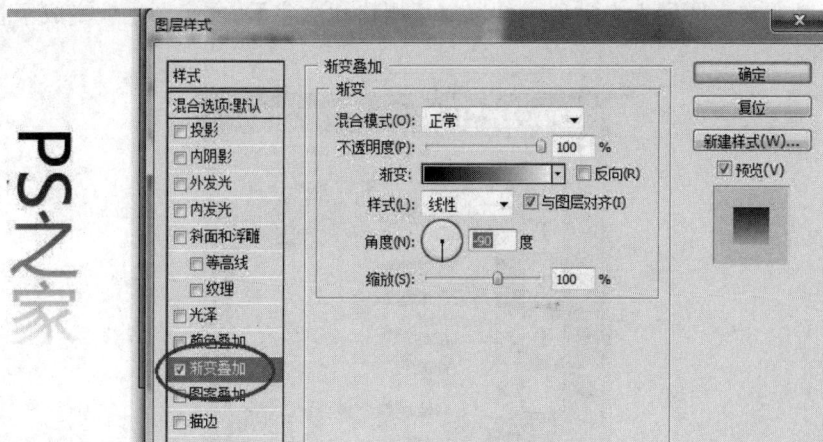

图 4-14　文字渐变叠加效果设置

(11) 进行文字图案叠加效果的设置，如图 4-15 所示。通过对图案叠加的设置，可让文字表面变成图案，比如编织图案、石头或木头图案。

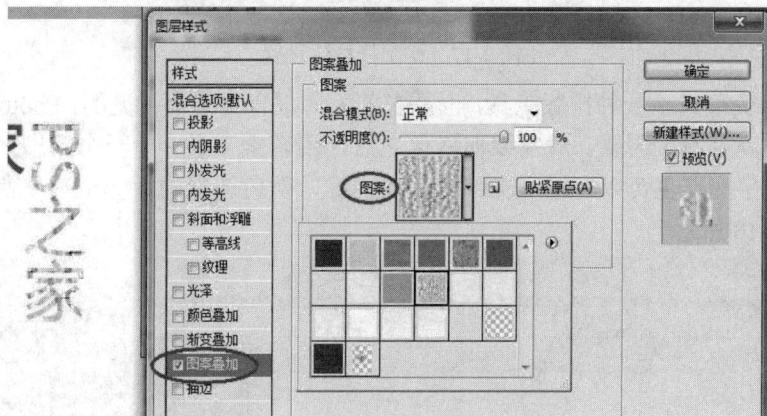

图 4-15　文字图案叠加效果设置

(12) 为了强调字体，常常需要用到描边。文字描边效果的设置如图 4-16 所示。

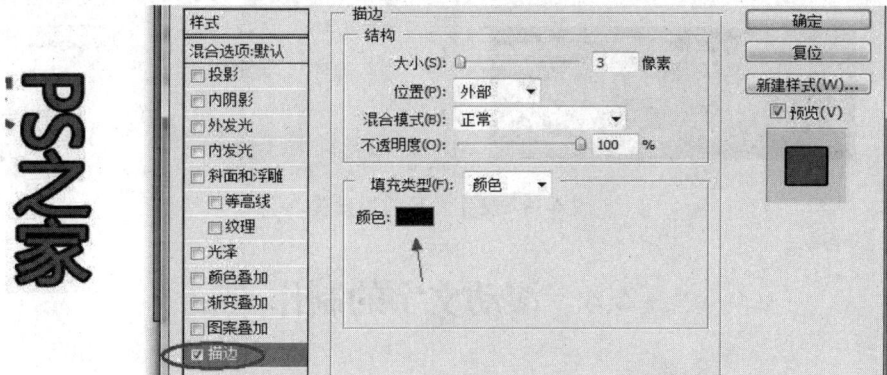

图 4-16　文字描边效果设置

(13) 文字图层在编辑的时候，有时会产生一些麻烦，比如一些功能只针对普通图层，这个时候可以在文字图层上右键单击，选择【栅格化文字】，文字图层就变成了普通图层，如图 4-17 所示。

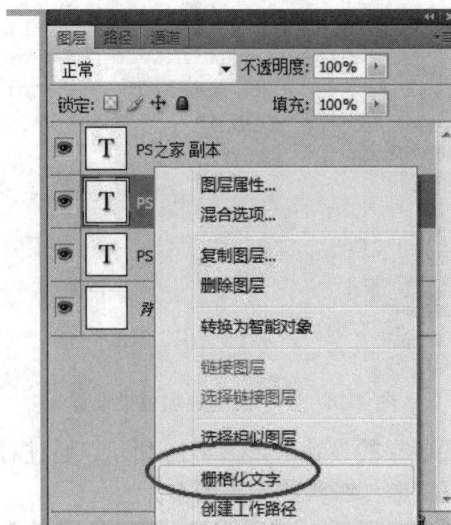

图 4-17　文字栅格化设置

(14) 文字变形属于一种排版工具，也是在各大海报宣传单中常见的。Photoshop 自带的一些样式如果满足不了需要，就需要栅格化之后，用套索工具一个一个圈出米，用变形工具来调整。文字变形也可以在输入文字时就选择好，颜色选择的后一个选项就是文字变形工具，如图 4-18 所示。

图 4-18　文字变形效果设置

4.4　滚动文字的制作

制作滚动文字的操作步骤如下：

(1) 首先使用 Photoshop 打开图片，然后使用【文字工具】输入文字，如图 4-19 所示。

图 4-19　添加文字

（2）右键单击文字图层，选择【删格化】命令，然后单击【图层】面板中的"添加图层蒙版"按钮，为文字图层添加蒙版，如图 4-20 所示。

图 4-20　添加图层蒙版

（3）使用【矩形选框工具】创建一个选区，把文字围起来，然后按 Ctrl + Alt + D 键设置羽化选区，如图 4-21 所示。

图 4-21　选区的羽化

（4）按 Ctrl + I 键执行反向选择命令，接着单击图层蒙版，然后使用【油漆桶工具】在蒙版的选区中填充黑色，如图 4-22 所示。

图 4-22　填充颜色

(5) 取消图层蒙版链接到图层(单击图层中椭圆圈的地方)，如图 4-23 所示。

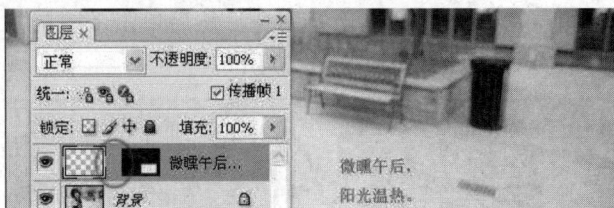

图 4-23　取消链接到图层

(6) 选择【窗口】→【动画】命令，打开【动画】面板，然后使用【移动工具】向下拖动文字图层直到消失。

(7) 单击【动画面板】中的"复制所选帧"按钮得到第 2 帧，然后使用【移动工具】向上拖动文字图层直到消失为止，如图 4-24 所示。

图 4-24　【动画】面板(1)

(8) 单击第 1 帧，接着单击【动画】面板中的"过渡动画帧按钮"，设置过渡到下一帧，添加的帧数可以自由决定，如图 4-25 所示。

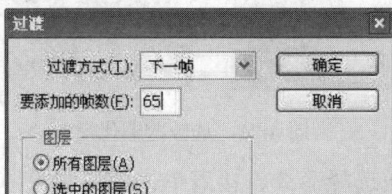

图 4-25　【过渡】面板

(9) 全选所有帧，设置延迟时间，如图 4-26 所示。

图 4-26　【动画】面板(2)

(10) 在菜单栏中选择【文件】→【存储为 Web 所用格式】，设置 GIF 格式保存即可。

第五章　Adobe ImageReady

要点难点

要点：

- 了解 ImageReady 软件的功能；
- 了解 ImageReady 的操作界面；
- 掌握 ImageReady 动画生成的方法；
- 掌握 ImageReady 中优化图像的方法。

难点：

- ImageReady 动画生成的方法；
- ImageReady 中优化图像的方法。

难度：★★★

技能目标

- 掌握 ImageReady 动画生成的方法；
- 掌握 ImageReady 中优化图像的方法。

5.1　ImageReady 介绍

ImageReady 是由 Adobe 公司开发的，以处理网络图形为主的图像编辑软件。ImageReady 的 1.0 版本是作为一个独立的软件发布的，并不依附于 Photoshop。直到 Photoshop 更新到 5.5 版本的时候，Adobe 公司才将升级到 2.0 版本的 ImageReady 和它捆绑在一起，搭配销售。

ImageReady 与 Photoshop 间可以进行图片的同步操作(即同时对一个图片进行处理)。只要在 Photoshop 中的工具箱下方点击图标就可以跳转到 ImageReady 界面，同样在 ImageReady 中也可以点击这个图标进入到 Photoshop 中。虽然 Photoshop 的后续版本逐渐加强了网页图像的制作功能，但 ImageReady 在图像优化、动画制作、Web 图片处理方面还是 Photoshop 必不可少的补充。尽管 ImageReady 依附于 Photoshop 而存在，但其在功能上实际已经成为一个相对独立的软件。

利用 ImageReady 可以将 Photoshop 的图像操作最优化，使其更适合网页设计，也可以通过分割图像自动制作 HTML 文档，还可以制作简单的 GIF 动画。但 ImageReady 不支持

CMYK 色彩模式，无法进行与印刷相关的图像操作，它是专门的网络图像处理工具。

ImageReady 除了具有 Photoshop 基本的图像处理功能外，还具有以下网页特效和图像制作功能。

1. 制作 GIF 动画

GIF 动画是点阵动画，曾是互联网上最主要的动画方式，至今仍是网页的主要修饰手段。GIF 文件允许在单个文件中存储多幅图像，在 ImageReady 中通过每幅图像装载时间和播放次数的设定，将这些图像按顺序播放，从而形成动画效果。

2. 图像翻转

图像翻转是 ImageReady 一个具有特色的功能，相当于一个鼠标触发事件，如按钮。在鼠标的不同状态可以设置动态效果。

3. 切片

虽然在 Photoshop 中也可以进行一些基本的切片操作，但无法组合、对齐或分布切片。ImageReady 具备专业的切片面板和菜单，其切片编辑功能要比 Photoshop 更强大，所以，我们习惯在完成图像之后转跳到 ImageReady 中对图像切片。切片的意义不仅在于提高访问速度，同样也为了对不同区域的图片进行不同的优化方式。

4. 图像优化

ImageReady 提供了强大的网络图像优化功能。为了得到更快的网络传输速度，通过各种工具和参数可以进行精确调整，在图像质量不明显削弱的前提下，尽可能地减小文件的体积。图像的优化是网络图像处理中一个至关重要的过程。

5. 图像链接

通过对切片、图像映射等功能的设置，可以使图片具有超级链接，甚至可以将一个具有链接属性的图片作为网站的欢迎页面。

6. 其他

ImageReady 还提供了诸如动态数据图像功能等其他网络操作，通过这些操作，可以方便地得到具有丰富变化的交互式网络图像。

本章主要学习使用 ImageReady 制作 GIF 动画的功能。

5.2　ImageReady 的操作界面

启动 ImageReady 有以下几种方式：

(1) 单击【开始】→【程序】→【Adobe ImageReady】命令。

(2) 在 Photoshop 中，单击 Photoshop 工具箱中的 ➡☑ 按钮，进入 ImageReady 工作界面。

(3) 在 Photoshop 中，按 Ctrl + Shift + M 键启动 ImageReady。

ImageReady 的工作界面如图 5-1 所示。

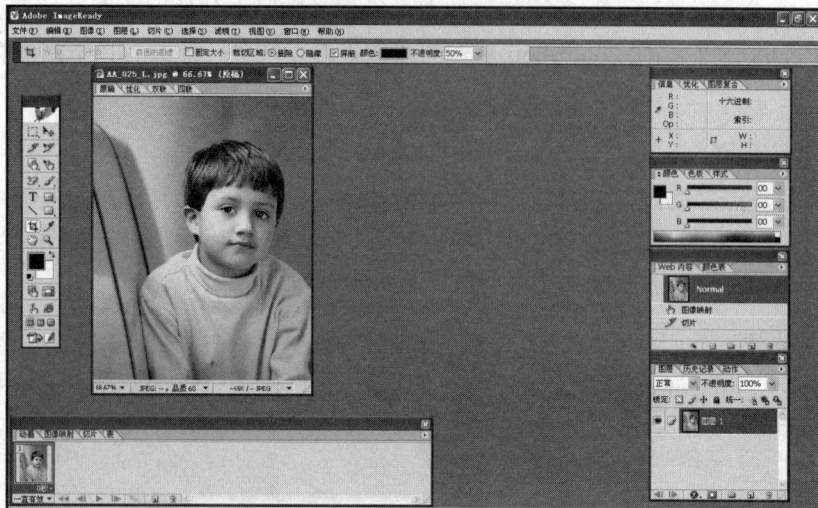

图 5-1　ImageReady 工作界面

可以看出 ImageReady 的工作界面与 Photoshop 的工作界面非常相似，上方是菜单命令，右边是工具箱，左边是浮动面板，中间是图像窗口，只是下面比 Photoshop 多出了一个长方形的浮动面板，这是做 Gif 动画分割图像和动态按键的浮动面板。下面主要针对与 Photoshop 不同的窗口、面板和工具进行介绍。

1. 图像窗口

ImageReady 共有【原稿】、【优化】、【双联】、【四联】四种不同图像窗口显示方式。要切换窗口显示模式，只要单击窗口上方的标签名即可，如图 5-2 所示。

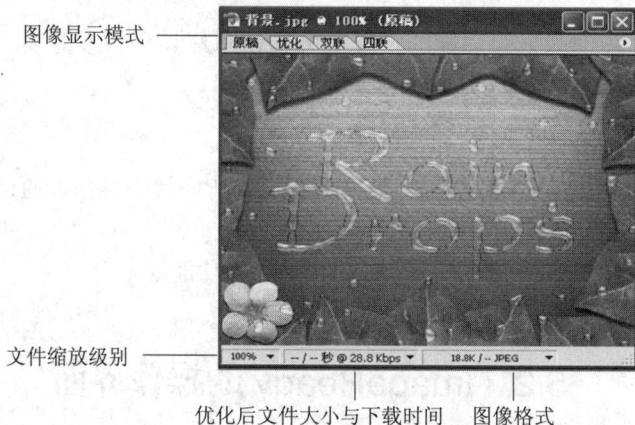

图 5-2　图像窗口

四种显示方式的作用分别如下：

(1) 原稿：在此模式下显示的是原图，可以对图像进行处理。

(2) 优化：在此模式下显示的是图像经过优化后的效果，也就是网页中显示的效果，只能对图像进行查看，不能进行处理。

(3) 双联：在此模式下同时显示原图和经过优化后的图像，以便用户对照比较，对图像进行修改，但是用户在此模式下只能对左侧的原图进行编辑，而不能修改右侧优化后的图像。

(4) 四联：在此模式下同时显示 4 张图片，左上角窗口显示的是原稿，其他 3 个窗口显示的是经过不同方法优化后的图像。同样，在此模式下用户只能对左上角的原图进行修改。

在图像窗口底部的状态栏中显示的是当前图像的各项数据信息，包括文件缩放级别、优化后文件大小与下载时间、原图文件大小和图像格式等。单击状态栏的不同位置，可以打开相应的下拉菜单，从中选择在状态栏显示的信息类型。

2. 面板

与 Photoshop 相比，ImageReady 多了以下几个面板。

1) 【动画】面板

【动画】面板用于制作 GIF 动画，使用户能够能够逐帧确定可以作为动态 GIF 或 SWF 文件导出的动画的外观。【动画】面板如图 5-3 所示。

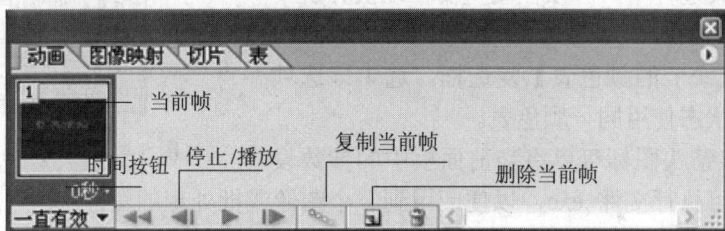

图 5-3 【动画】面板

2) 【图像映射】面板

【图像映射】面板用于把图像上的某一区域超级链接到一个 URL，可以在图像中设置链接到其他 Web 页或多媒体文件的多个链接区域(称为图像映射区域)。

3) 【切片】面板

切片工具将图像分割成几个小块，每一小块称为切片。切片是图像的一块矩形区域，可用于在产生的 Web 页中创建链接、翻转和动画。通过将图像划分成切片，可以更好地对功能进行控制，并改善图像文件大小的优化。

4) 【Web 内容】面板

在【Web 内容】面板中可以设置图像或切片的翻转效果，可以通过该面板制作悬停按钮。

5) 【图层】面板

【图层】面板用于设置图层名称和图层效果选项，与 Photoshop 菜单中【图层样式】命令的功能相似。

6) 【优化】面板

在【优化】面板中，可以设置图像文件格式、色彩显示方式、颜色混合方式、颜色数量、是否保持透明、透明区域以哪种颜色取代和下载时显示方式等参数。选中格式为 GIF

时，【优化】面板如图 5-4 所示。

　　GIF 格式的【优化】面板中各选项的含义如下：

　　① 【格式】下拉列表框。在这个下拉列表框中可以选择优化图像的格式。

　　② 【深度减低】下拉列表框。通过这个下拉列表框可以选择哪些颜色作为 GIF 中的颜色，有 9 个颜色方案选项，如果选择【自定】选项，可以在【颜色表】面板中设置颜色。

　　③ 仿色：在包含连续色调(尤其是颜色渐变)的图像中，设置仿色可以防止出现颜色过渡不均匀的现象。

　　④ 透明度：选中【透明区域】复选框后，可以在该下拉列表中选取对部分透明的像素应用仿色的方法。

　　⑤ 【交错】复选框。选中该复选框后，在整个图像文件的下载过程中，可以在浏览器中以低分辨率显示图像。

　　⑥ 【使用统一的颜色表】复选框。选中该选项可对所有翻转状态使用同一颜色表。

　　⑦ 单击该箭头图标可以将当前面板中的参数设

图 5-4　GIF 格式【优化】面板

置创建成一个可执行文件 .exe，以便应用到一个图像或批处理的图像中。

　　⑧ 【颜色】下拉列表框。在该下拉列表框中可以设置 GIF 格式的颜色数，范围是 2～256。

　　⑨ 【Web 对齐】菜单。该菜单用于指定将颜色转换为最接近的 Web 调板颜色的容差级别，值越大，转换的颜色越多。

　　⑩ 【杂色】菜单。该菜单用于指定图像中透明像素的填充色。图像中完全透明的像素由选中的颜色填充，部分透明的像素与选中的颜色相混合。

　　7) 【颜色表】面板

　　【颜色表】面板主要用于显示图像中所使用的颜色数目，如图 5-5 所示。

　　只有当在【优化】面板中设置为 GIF 或 PNG-8 的图像文件格式，并且在图像窗口选择【优化】、【双联】或【四联】的窗口模式时，在【颜色】面板中才会显示出当前图像的颜色表格。若按下 Shift 键再单击【颜色表】面板中的颜色，则可选取多个颜色。当用户在【优化】面板中重新设置颜色数目时，该面板中的颜色数目也会产生相应的变化。

图 5-5　【颜色表】面板

　　【颜色表】面板的底部有 5 个功能按钮，从左至右依次为：

　　【映射透明度】按钮：选中一种或多种颜色后，单击该按钮，可以将选中的颜色映射

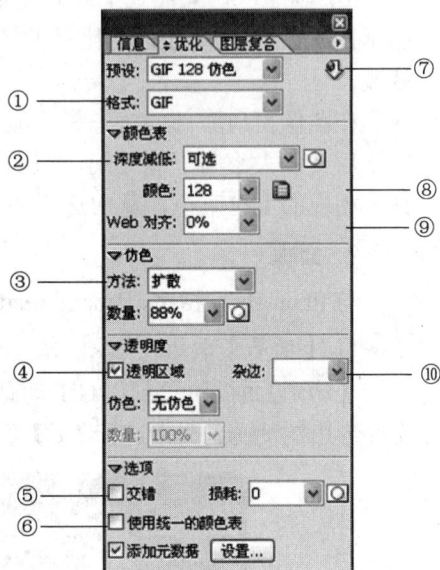

为透明度，在优化图像中添加透明度。

【Web 转换】按钮：选中一种或多种颜色后，单击该按钮，可以将选中的颜色转换为Web 调板中最接近的颜色。这样可以保护颜色不在浏览器中的仿色。

【锁定】按钮：选中一种或多种颜色后，单击该按钮，可以将选中的颜色锁定，防止它们在颜色数量减少时删除应用程序的仿色。

【新建颜色】按钮：单击该按钮，可以将前景色添加到颜色表中。

【删除】按钮：选中一种或多种颜色后，单击该按钮，可以将选中的颜色删除，以减少图像文件大小。

了解了【优化】面板和【颜色表】面板的功能后，下面介绍最优化图像的操作。

(1) 将图像窗口切换到【优化】、【双联】和【四联】模式下，由于在【四联】窗口模式下，用户可以在各个窗口中设置不同的图像格式和参数、比较产生的效果，因而一般选择【四联】模式。

(2) 打开【优化】和【颜色表】面板。

(3) 在【四联】窗口模式中，单击一个预览窗口(被选中的窗口有一个黑色边框)。

(4) 在【优化】面板中的【设置】下拉列表中选择一种预设的图像格式。

(5) 在【优化】面板中，参看前面对【优化】面板的介绍设置各参数，使图像文件大小和图像效果都达到最佳效果。

(6) 在【优化】面板中将【颜色】数值设置得低一些，可得到更小的图像文件。

(7) 在【颜色表】面板中，可以把在图像中作用不大的中间色彩从【颜色表】中删除，从而减小文件的大小。不过具体删除哪些颜色需要用户仔细对照比较，才能在对图像品质影响较小的情况下获得最小的文件尺寸。

提示：选择【优化】面板菜单中的【自动重建】命令，可以将【优化】面板中所做的设置即时更新到图像窗口中。

3. 工具箱

ImageReady 工作界面中的工具箱与 Photoshop 中的工具箱相比少了许多图像绘制工具，如路径工具、模糊工具与多边形工具等，但是 ImageReady 多了一个新工具——图像映射工具组，此工具组包含【矩形图像映射工具】、【圆形图像映射工具】和【多边形图像映射工具】，使用此工具可以给图像的某个区域设置超级链接，从而达到跳转到另一个网页的目的。

5.3　动画的生成与使用

动画已成为网页中不可缺少的一个重要组成部分，它比静态图像更具有宣传效果，更容易吸引浏览者的注意力，是目前网页上使用最广泛的广告手段。

下面举一个具体的例子来说明动画制作的基本过程。在本例中制作简单的光影划过文字表面的动画。

操作步骤如下：

(1) 启动 ImageReady，在工具箱颜色设置区域中将背景色设置为蓝色(#1D0AF5)，执行

【文件】→【新建】命令创建一个新文档，新文档参数设置如图5-6所示。

（2）选择文字工具，设置文字字体为"隶书"，字号为"48 px"，字体颜色设为深红色(#CC3300)。在图像窗口中输入文字，如"悟嘉琥珀"；移动文字放置在窗口的中间位置，如图5-7所示。

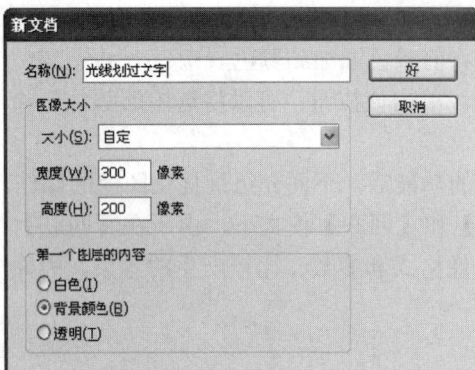

图5-6 新建文档

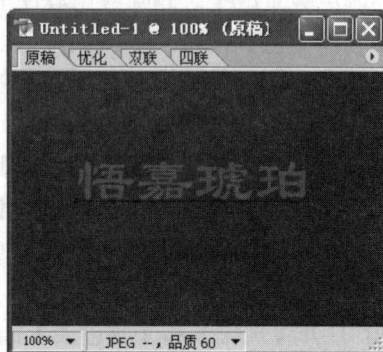

图 5-7 输入文本后的效果

（3）在图层面板中，用鼠标右键点击文字图层，在弹出的菜单中选择【渲染图层】命令，如图5-8所示。

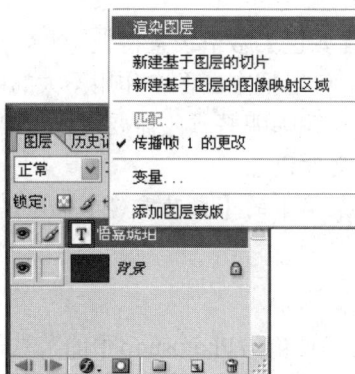

图5-8 对文字图层进行渲染

（4）在文字图层上新建一个图层1，用【椭圆选框工具】在接近"悟"字前选一个小椭圆，右键点击小椭圆选择"羽化"，设置羽化半径为10像素。用白色进行填充，效果如图5-9所示。

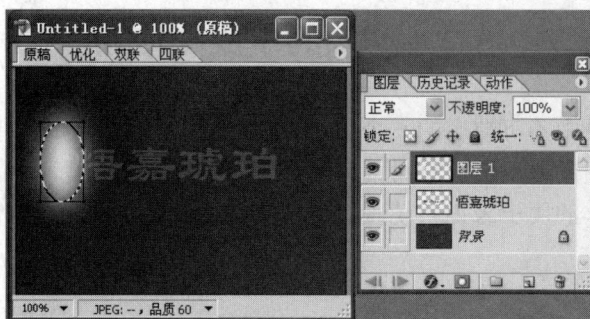

图5-9 羽化填充后的效果

(5) 按住键盘上的 Alt 键不放,将鼠标移动到文字层与图层 1 的中间线,鼠标出现 时单击左键,使白色光影进入文字之中,效果如图 5-10 所示。

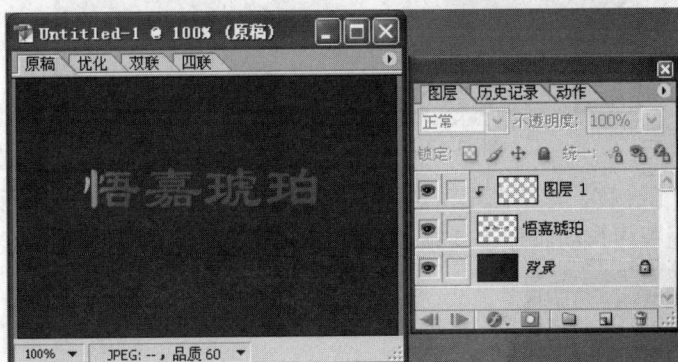

图 5-10 白色光影进入文字之中的效果

(6) 在【动画】面板上点击【复制当前帧】按钮复制出一帧,帧速为 0.2 秒,如图 5-11 所示。

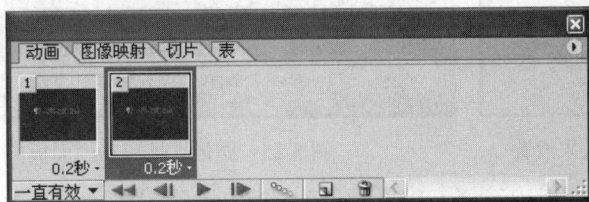

图 5-11 复制帧后的效果

(7) 用鼠标点击第 2 帧,然后在图层 1 上将光影水平拖到"珀"字后面,如图 5-12 所示。

图 5-12 第二帧图层 1 的效果设置

(8) 按住 Shift 键,点击第 2 帧与第 1 帧将其全部选中,点击下面的"帧动画过渡"按钮,如图 5-13 所示。

图 5-13　添加"帧动画过渡"

(9) 在弹出的【过渡】对话框里，选择添加 5 帧，参数设置如图 5-14 所示，点击【好】后，在【动画】面板中自动添加了 5 帧，效果如图 5-15 所示。

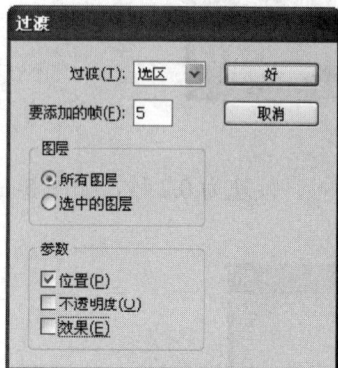

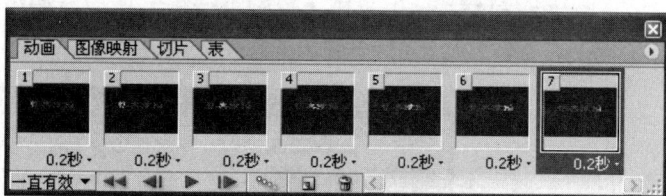

图 5-14　"过渡"效果设置　　　　　图 5-15　添加 5 帧后动画面板的显示效果

(10) 在【优化】面板中选择 GIF，颜色为 128，参数设置如图 5-16 所示。

(11) 这时动画已基本完成了，点击工具栏中的"预览文档"按钮 ，观看动画效果，如果效果满意，则进行保存。

(12) 点击【文件】→【将优化结果存储为】，打开【将优化结果存储为】对话框，取名保存后，GIF 动画就生成了。

在 ImageReady 中制作出动画后，如果要将其应用到其他网页编辑软件中，则要将动画输出为动画文件，ImageReady 支持 GIF 的动画格式，因此，只要将动画文件格式设置为 GIF 格式，然后发挥 ImageReady 优化图像的功能，输出最优化图像。另外，还可以在 ImageReady 中打来一个用其他软件制作的 GIF 动画，重新对其编辑修改。打开图像时，ImageReady 会自动分解动画中的每一帧图像。

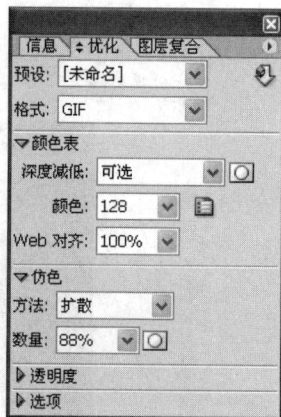

图 5-16　【优化】面板设置

5.4　流云——云朵飘动动画制作

本实例将 Photoshop 与 ImageReady 相结合来制作云朵飘动的流云动画。

操作步骤如下：

(1) 在 Photoshop 中打开一张建筑图片，如图 5-17 所示。

(2) 选择【多边形套索工具】，沿着建筑物边沿建立如图 5-18 所示的选区，按下 Ctrl + J 键复制选区到新图层上。

(3) 打开一张云朵图，将该图用移动工具拖动到建筑图像文件上，并调整其大小，让云朵的图像稍高于画布高度，如图 5-19 所示。

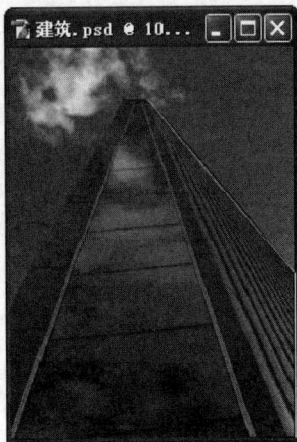

图 5-17　打开建筑图　　　　　　图 5-18　创建选区　　　　　　图 5-19　设置云朵层

(4) 将云朵层置于建筑层下方，利用钢笔工具沿着建筑物的玻璃边缘建立形状图形，如图 5-20 和图 5-21 所示。

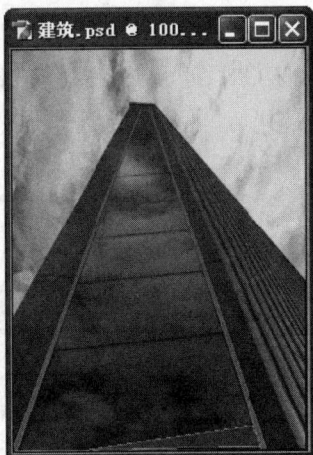

图 5-20　绘制的一个形状图层　　　　　　图 5-21　绘好后的形状图层

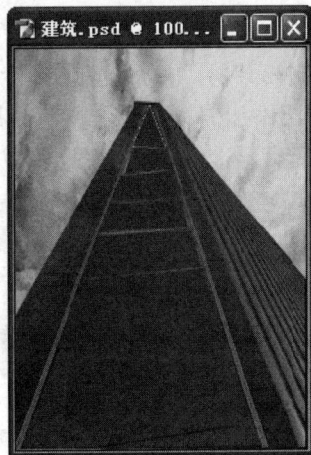

(5) 在图层面板中，将所有除了形状图层外的其他图层全部隐藏，如图 5-22 所示。执行【图层】→【合并可见图层】命令，将所有形状图层合并成一层，如图 5-23 所示。

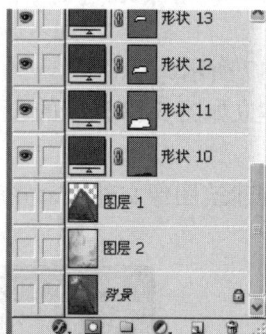

图 5-22　面板中显示与隐藏的图层

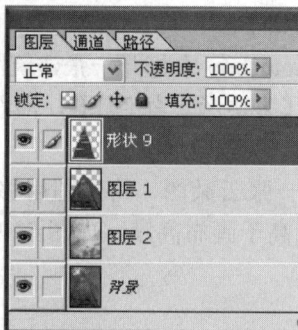

图 5-23　形状图层合并后的效果

（6）对合并后的玻璃形状层执行【图层】→【图层样式】→【渐变叠加】命令，叠加参数设置如图 5-24 所示。

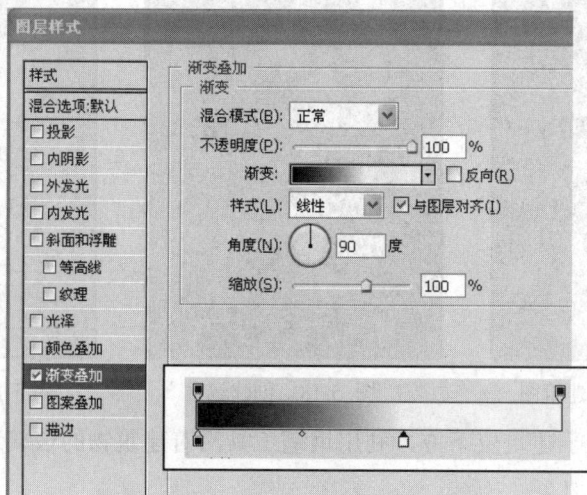

图 5-24　渐变叠加参数设置

（7）复制云朵层，并将复制层移动到玻璃层上方，按 Ctrl 键点击玻璃层产生选区，在云朵的副本层添加矢量蒙版，并将该层不透明度设置为 40%，效果如图 5-25 所示。

（8）在所有层上方创建新图层，并用黑色填充，如图 5-26 所示。

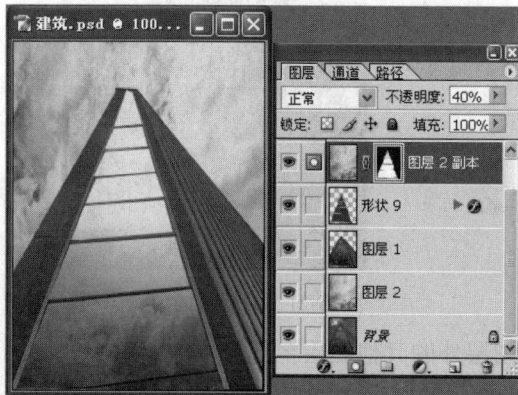

图 5-25　添加蒙版层后的效果

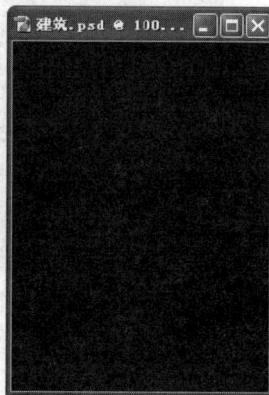

图 5-26　添加黑色图层后的效果

(9) 执行【滤镜】→【渲染】→【镜头光晕】命令，设置参数如图 5-27 所示，并将黑色的图层模式设为"叠加"，效果如图 5-28 所示。

图 5-27　镜头光晕参数设置　　　　　图 5-28　设置"叠加"图层模式后的效果

(10) 执行【文件】→【存储】命令，保存图像文件。

(11) 点击工具栏中的"在 ImageReady 中编辑"按钮，进入 ImageReady 中进行流云的动画制作。

(12) 在 ImageReady 中，在动画面板上将第一帧的云朵层的底部与画布底部对齐，相应地将云朵蒙版层顶部与建筑顶部对齐。

(13) 在【动画】面板中点击"复制当前帧"按钮复制帧，将云彩层移动到画布顶端，并将云彩蒙版层移动到底部。

(14) 按 Shift 键选中【动画】面板中的两帧，点击面板中的"过渡"按钮，如图 5-29 所示，在【过渡】对话框中进行如图 5-30 所示的设置。在【过渡】对话框中点击【好】后，在【动画】面板中选择并删除最后一帧，如图 5-31 所示。

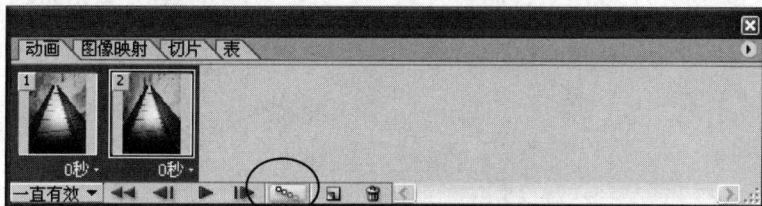

图 5-29　添加过渡效果

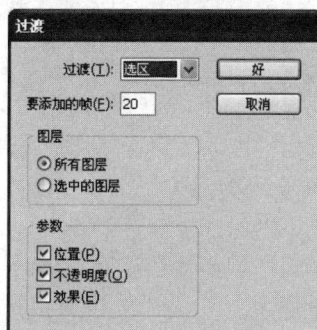

图 5-30　过渡参数设置

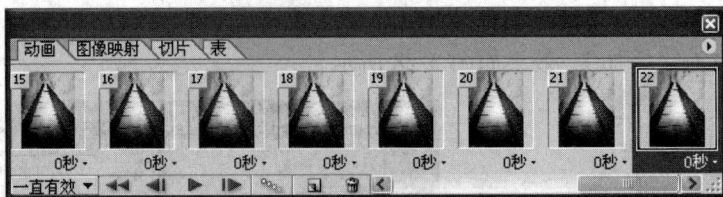

图 5-31　将最后一帧删除

(15) 在【优化】面板中进行如图 5-32 所示的优化设置。

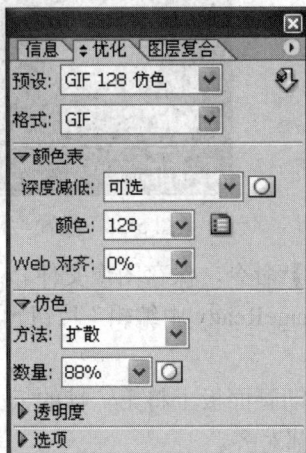

图 5-32　优化面板参数设置

(16) 在工具栏中点击"预览文档"按钮 🔛，观看动画效果，如果效果满意，则按下 Ctrl + Alt + Shift + S 键保存 GIF 动画。

第六章　平面相册的设计与制作

要点难点

要点：
- 平面相册的基本知识；
- 平面相册的实例制作。

难点：
- Photoshop 各工具的灵活运用。

难度：★★★

技能目标

- 平面相册的基本知识；
- 平面相册的案例制作。

6.1　平面相册的基本知识

平面相册主要用于记录成长经历、婚庆、个人写真或重要时刻，在拥有相片的基础上，进行一定的设计，并使用一定的印刷包装技术装订成册，以供纪念。

6.1.1　相册的基本尺寸

影楼制作的平面相册一般有以下尺寸，如表 6-1 所示。

表 6-1　平面相册的常用尺寸

影楼尺寸	英　寸	厘　米
3 寸	2.5 × 3.5"	6.4 × 9.0
5 寸	3.5 × 5"	8.9 × 12.7
6 寸	4 × 6"	10.2 × 15.2
6 寸	4.5 × 6"	11.4 × 15.2
7 寸	5 × 7"	12.7 × 17.8
8 寸	6 × 8"	15.2 × 20.3
10 寸	7 × 10"	17.8 × 25.4
12 寸	8 × 12"	20.3 × 30.5
18 寸	12 × 18"	30.5 × 45.7

注：1 寸 = 2.54 厘米。

6.1.2　平面相册的分类

1. 按制作工艺分类

目前平面相册按制作工艺来分，可分为两大类：传统手工相册和一体成型相册。

1) 传统手工相册

传统手工相册的制作工艺是：照片先覆膜，再用物理的方法(就是用胶粘)使照片固定在相册的页面上，相册的页边缘会有金色或银色的金属包边。

传统手工相册又分为以下三类：

(1) 非全满版相册：也就是大相册放小照片。例如，"18 寸相册一本，18 寸蚕丝照片一张，18 寸油画照片一张，18 寸水晶照片一张，18 寸皮雕照片一张，18 寸美工设计组合 16 张"指在这本相册中有 4 张是满版的照片，其余 16 张是小照片的组合。

(2) 全满版相册：册内所放照片都是满版的，没有小照片。

(3) 全满版跨页无中缝相册：册内照片是无缝跨页的。例如，一个 18 寸相册的尺寸是 18 寸 × 12 寸，那么一个对开页就是 18 寸 × 24 寸，这种相册就放的是 24 寸的照片，粘在两页上，形成一个对开页，中间是无缝的。

2) 一体成型相册

一体成型相册是近几年相册制作的技术革新，其制作工艺为：它采用流水线制作，即经过紫外线液体油性覆膜、过胶、压平、压痕、压整、裁切、磨边、烫金、装皮等全套生产线十余道工序，经过十余台大机器，制作出精美的相册。简单地说，就是用化学的方法，将本是照片和相册页两种不同的物质合成一种新物质，这种新物质就是"带有图像的相册页"，照片和相册页融为一体，永不分离。

一体成型相册大致可以分为三类：普通一体成型相册、圣经相册(磨砂摄影婚纱 A 套主打相册)和水晶封面圣经相册(磨砂摄影婚纱 B 套主打相册)。还有一种"假圣经册"，就是用圣经册的底册手工制作的。

3) 传统手工相册与一体成型相册的区别

传统手工相册与一体成型相册有着本质的区别。手工相册是物理的形态，就是照片用胶粘在相册页上。除了"永不分离"这个明显特点外，一体成型相册还有个特点，即"淋膜技术"。普通手工相册的照片是要覆上"膜"的，膜是类塑料材质，有亮膜、细膜、皮纹、油画等纹理。用手摸照片表面，能明显感到"膜"的存在。膜后的照片能达到防水、防潮、防划伤的效果，但毕竟是在照片上隔了一层东西，对照片的色彩有一定程度的影响。一体成型相册采用先进的"紫外线液体油性覆膜"的"淋膜技术"，在照片表面用专门的机器均匀喷洒液体膜后，从视觉上看，一体成型相册的照片色泽鲜亮，照片表面好像过了一层油似的；用手触摸，则根本感觉不到膜的存在。

2. 按相册的封面分类

按相册的封面来分，可分为以下几种。

1) 水晶相册

所谓水晶相册，实际上就是由一块水晶板来做相册的封面，而这块水晶板并不是真正的水晶材料，因为这么大这么薄的一块真水晶板，其制作和材料成本是高昂的，最重要的是易碎。因此，市面上所说的"水晶"板，其实就是一块有机玻璃板或亚克力板。"水晶"板原材料是一面有印刷图案，另一面有一层保护贴纸，使用的时候把照片贴在印刷图案的一面，然后压贴在相册上，最后撕掉正面的保护贴纸，光彩照人的"水晶"相册就呈现在面前了。注意这种"水晶"相册表面由于并不是真水晶，所以表面硬度非常弱，极容易起划痕。

2) 皮面相册

所谓皮面相册，就是其封面和封底用皮革包裹起来，由于皮革的材料、颜色和花纹众多，且加工方式也多，例如压花纹、烫花纹、印花纹等，所以在款式上能不断推陈出新，最大的特点是耐脏耐损。

3) 布面相册

布面相册最大的优点是手感极好，拿在手上，一种温馨的生活感油然而生，放在床头或沙发上，是一种温馨浪漫的工艺品和装饰品的完美结合。其最大的缺点就是不耐脏，但又不能清洗，也有人尝试自己手工干洗，但实际效果不理想，情况甚至很糟。因此不要挑选那些颜色鲜艳或浅色的布面相册，深色、有花纹的才是布面相册的首选。

4) 塑料面相册

塑料面相册也叫"仿水晶"相册，其最大的优点是颜色鲜艳，护理容易，成本低。因为塑料面本身就可以有不同颜色，而且还可以印、烫、喷不同的图案，表面有点小划痕也不容易看出来，成本也比较低。其缺点就是看上去比较平，没有立体感。

3. 按相册内页分类

按相册内页来分，一般可分为以下几种。

1) 一体成型相册内页

一体成型相册制作比较复杂，必须依靠专用设备才能完成，成本高，造价昂贵，多为婚纱影楼用来给结婚的新人做相册。

2) 白卡内页

白卡内页是直接用白卡纸经裁切机裁切，没有任何包边处理，手工制作时，照片必须贴齐白卡纸边才漂亮，因此，对手工要求比较高，但制作完成后，效果非常漂亮，有点类似一体成型相册的效果。由于没有任何包边，如果做大相册，角很容易损坏，因此，白卡内页多运用在小型相册当中，尤其是 mini 相册(掌中宝)基本都采用这种方式。

3) 包边内页

包边内页是在白卡的基础上通过机器设备给页面边缘包上一层锡纸，这能有效避免边缘长期翻动而引起的发毛，并可以起到防潮的作用。还有一个实用的功能就是在手工贴照片的时候，如果背后有双面胶的照片贴歪了，还可以揭下照片而不会伤害白卡纸基。此种方式常见于 5×7 以下大小的相册。

4) 包角内页

如果相册较大，最先坏的部分一定是角，因此着重保护角是第一要务，包角相册内页就是这个目的，即重点保护角。因此，包角内页的每页的两个角均会用金属角包住，让页角坚固不摧。为了安全，金属角都做了圆角处理。此种方式常见于 5 寸 × 7 寸以上大小的相册。

6.2　平面相册案例操作

在制作平面相册时，经常会用到蒙版和画笔的知识。蒙版主要用来抠取主体人物和多张图片的融合效果，画笔主要用来点缀画面。

下面讲解平面相册的制作方法，所介绍的实例都以婚纱相册为主，有兴趣的读者可以自己制作个人写真、成长经历、重要时刻等类型的相册。

6.2.1　平面相册实例一

本实例的制作步骤如下：

1. 抠取婚纱人物

(1) 新建一个空白文件，在弹出的【新建】对话框中设置参数如图 6-1 所示：宽度为 6 英寸，高度为 4 英寸，分辨率为 300 像素，模式为 CMYK 颜色。

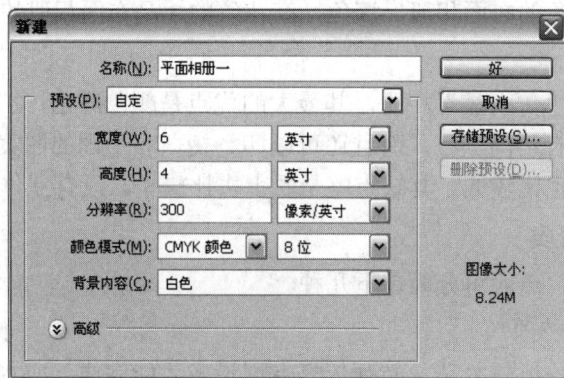

图 6-1　【新建】对话框

(2) 打开素材一，选择菜单栏中的【滤镜】→【纹理】→【马赛克拼贴】命令，设置拼贴大小为 12，缝隙宽度为 3，加亮缝隙为 9。然后将素材一拖入新建的"平面相册一"文件中，调整其尺寸与新建文件一致。完成效果如图 6-2 所示。

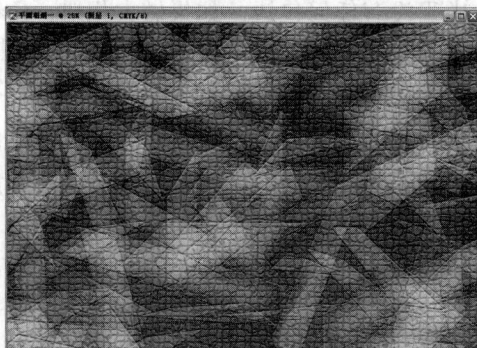

图 6-2　导入素材

（3）打开一张如图 6-3 所示的新娘的婚纱图片，将其中的人物抠取出来。前面讲过几种抠取人物的方法，因为图片比较复杂，在这里选用通道进行抠图。打开通道面板，查找明暗对比较为明显的通道，在此图中选蓝通道，按住 Ctrl 键单击蓝通道载入选区，如图 6-4 所示。

图 6-3　素材二

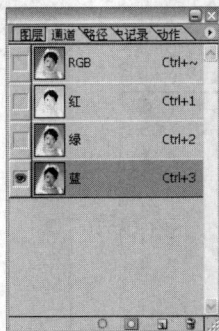

图 6-4　使用通道构建选区

（4）选择菜单栏中的【窗口】→【色板】命令，在【色板】面板中选择红色，将工具箱中的前景色设置为红色。新建图层 1，并将图层的混合模式设置为"滤色"模式，然后填充前景色，如图 6-5 所示。

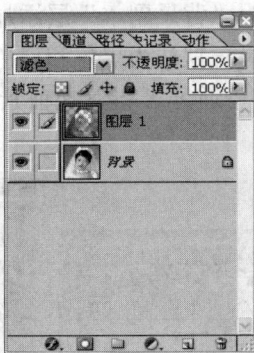

图 6-5　给选区填充红色

（5）使用相同的方法，分别建立新图层 2 和图层 3，并将图层混合模式都设置为"滤色"模式，然后将"图层 2"填充绿色，"图层 3"填充蓝色，如图 6-6 所示。

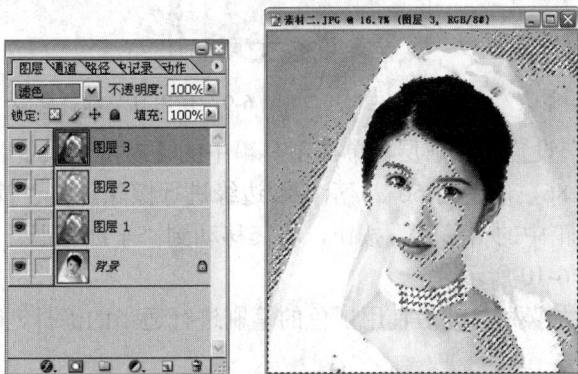

图 6-6　添加图层

(6) 连续两次按 Ctrl+E 键，将"图层 3"和"图层 2"向下合并到"图层 1"中，然后按"Ctrl + D"键取消选区，如图 6-7 所示。

图 6-7　合并图层

(7) 将"背景"层复制为"背景副本"层，然后将"背景"层设置为当前层，并为其填充上深蓝色 C100，M99，Y8，K2。将"背景副本"层设置为当前层，然后单击【图层】面板底部的"添加蒙版"按钮 ，为"背景副本"层添加图层蒙板，如图 6-8 所示。

(8) 按 D 键将前景色和背景色设置默认为黑色和白色，然后利用工具箱中的【画笔工具】对蒙版进行编辑，在编辑过程中可通过 X 键互换前景色和背景色，以便修改编辑蒙版，如图 6-9 所示。

图 6-8　添加图层蒙版

图 6-9　使用画笔涂抹蒙版

(9) 将"图层 1"设置为当前层，单击工具箱中的【橡皮工具】，然后在属性栏中设置画笔参数为主直径为 86，硬度为 50%，沿婚纱边缘进行擦除。将"背景层"与"图层 1"链接，然后单击工具箱中的"移动"按钮，将其移动到"平面相册一"文件中并调整到合适的位置，效果如图 6-10 所示。

(10) 给图层 2 添加蒙版，然后使用黑色的笔刷进行适当的涂抹，得到如图 6-11 所示的效果。

图 6-10　移动图层

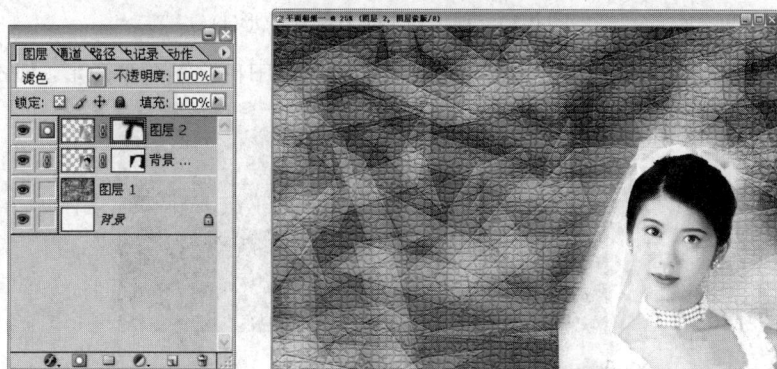

图 6-11　添加蒙版并进行编辑

2. 制作胶卷相框

(1) 新建一个 100×80 的文件，然后新建一个图层，使用【矩形选框】工具选取一个比文件稍小的选区，执行【选择】→【修改】→【平滑】选项，设置取样半径为 5 个像素值，填充为黑色，效果如图 6-12 所示。

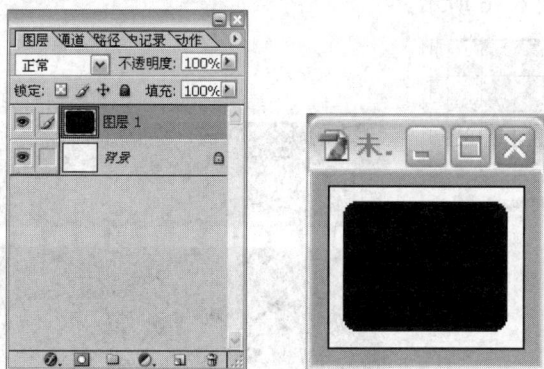

图 6-12　绘制选区并填充颜色

(2) 选择【编辑】→【定义画笔预设】命令，将当前选区定义为"样本画笔 1"，然后关闭文件。

(3) 在"平面相册一"文件中新建一层，在工具栏中单击【矩形工具】，在属性栏中单击"填充像素"，设置前景色为灰色，绘制一个矩形，如图 6-13 所示。

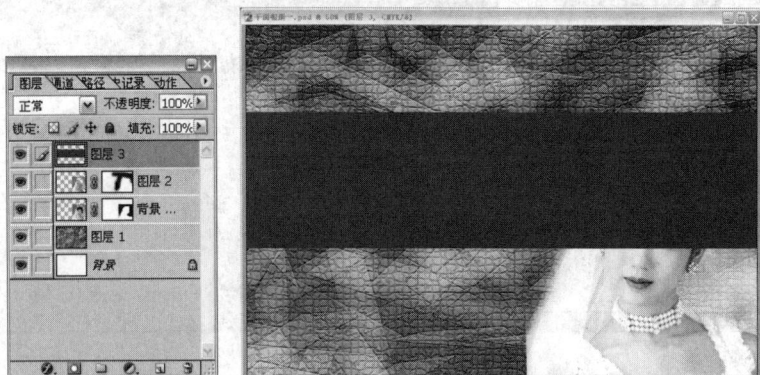

图 6-13　使用矩形工具绘制矩形(1)

(4) 再新建一层，设置前景色为黑色，在刚才的矩形中再绘制一个矩形，如图 6-14 所示。

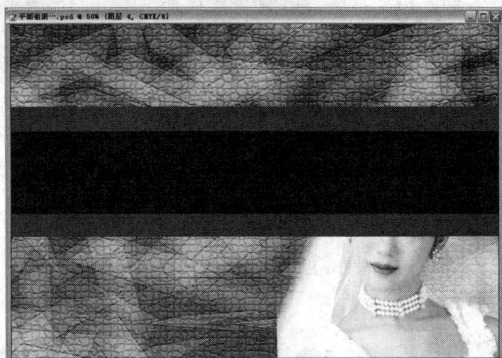

图 6-14　使用矩形工具绘制矩形(2)

(5) 新建一个图层。选择画笔工具，按 F5 键调出画笔属性，选中刚刚定义好的画笔，设置好间距和画笔大小，如图 6-15 所示。设置前景色为白色，按住 Shift 键，在画布上拉出一条矩形方框，如图 6-16 所示。

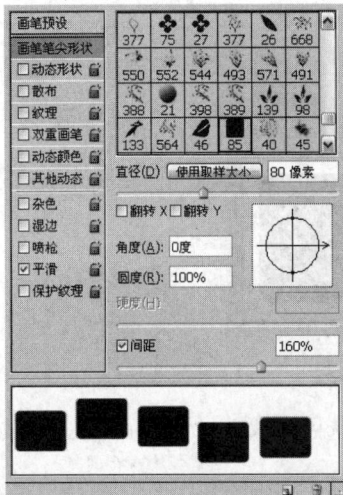

图 6-15　编辑画笔

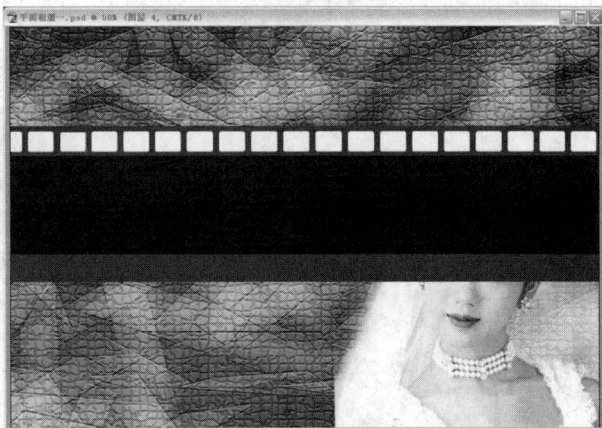

图 6-16　使用画笔绘制

(6) 选择移动工具，并按住 Alt 键，对刚刚绘制的白色方框进行移动，可以复制当前白色方框所在的图层。接着新建一层，并调整笔刷的大小和间距，再次绘制一条白色的方框，效果如图 6-17 所示。此时的图层如图 6-18 所示。

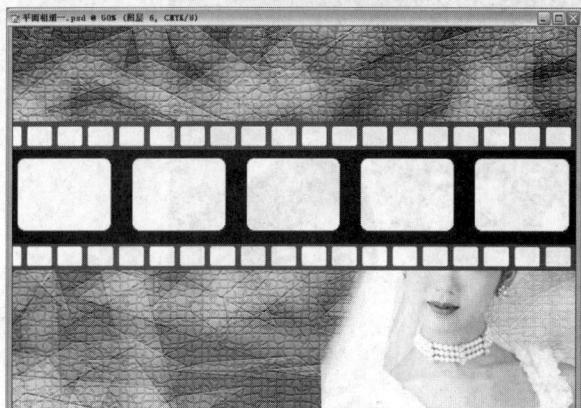

图 6-17　使用画笔绘制图形

图 6-18　图层面板

(7) 将胶卷所在的图层 3 至图层 6 进行合并，如图 6-19 所示。使用【魔术棒工具】，选择白色的方块，然后按下 Delete 键进行删除，如图 6-20 所示。

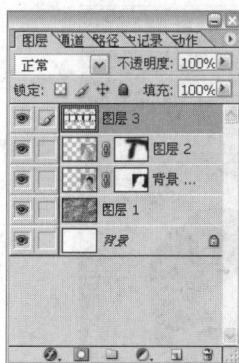

图 6-19　合并图层

图 6-20　删除选区

(8) 双击图层 3，给胶卷图层添加阴影样式，并复制两个胶卷图层，如图 6-21 所示。

图 6-21　给图层添加样式

(9) 将其他的素材加进来，调整大小以适应胶卷中方框的大小。完成之后进行图层的合并与大小的调整，最终效果如图 6-22 所示。

图 6-22　编辑胶卷相框

(10) 在工具箱中选择【文字工具】，在画布上输入文字，最终效果如图 6-23 所示。

图 6-23　最终效果

6.2.2　平面相册实例二

本实例的制作步骤如下：

(1) 新建一个空白文件，在弹出的【新建】对话框中，设置参数如图 6-24 所示：宽度为 6 英寸，高度为 4 英寸，分辨率为 300 像素。

(2) 选择前景色为黄色，背景色为白色，在工具箱中选择渐变工具，拉出如图 6-25 所示的渐变。复制背景图层，执行【滤镜】→【像素化】→【彩色半调】命令，弹出如图 6-26 所示的对话框，设置为默认值，得到如图 6-27 所示的效果。

图 6-24 【新建】对话框

图 6-25 使用渐变工具绘制图形

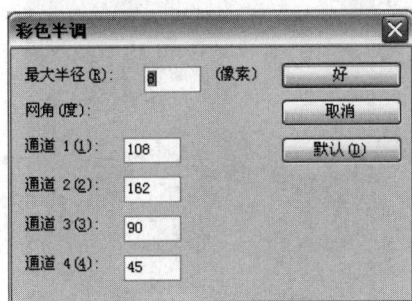

图 6-26 【彩色半调】对话框

图 6-27 应用彩色半调效果

(3) 执行【滤镜】→【模糊】→【径向模糊】命令，弹出如图 6-28 所示的对话框，设置数量为 70，模糊方法为旋转，并将背景副本层的混合模式改为【排除】，得到如图 6-29 所示的效果。

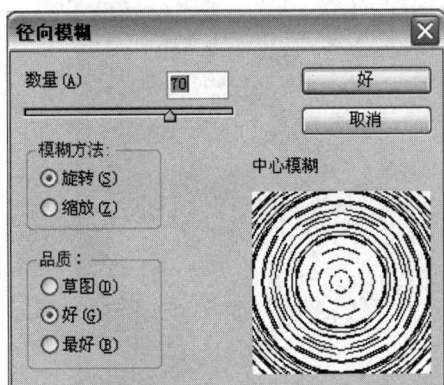

图 6-28 【径向模糊】对话框

图 6-29 更改图层混合模式效果

（4）新建图层 1，设置前景色为蓝色，在工具箱中选择【渐变工具】，拉出如图 6-30 所示的渐变。将图层一的混合模式改为【差值】，得到如图 6-31 所示的效果。

图 6-30　使用渐变工具绘制图形　　　　　　　图 6-31　更改图层混合模式效果

（5）将如图 6-32 所示的素材一拉入文件中，执行【编辑】→【自由变换】命令，调整大小和方向，得到如图 6-33 所示的效果。

图 6-32　素材一　　　　　　　　　　　图 6-33　调整大小和方向

（6）给当前图层添加图层蒙版，然后使用黑白画笔对蒙版进行涂抹，图层蒙版如图 6-34 所示，得到如图 6-35 所示的效果。在选择画笔的时候，可以选择边缘柔和的画笔，在涂抹的过程中，注意随时改变画笔的不透明度，以呈现不透明的效果。

图 6-34　添加并编辑蒙版　　　　　　　图 6-35　编辑蒙版后的效果

(7) 用同样的方法，导入如图 6-36 所示的素材，调整至合适的位置。然后添加图层蒙版，得到如图 6-37 所示的效果。

图 6-36　导入素材

图 6-37　编辑图层

(8) 下面给画面上增加一些修饰。选择【文字工具】，在画布上写上文字，如图 6-38 所示。选择当前文字图层，点击右键，栅格化图层，如图 6-39 所示。

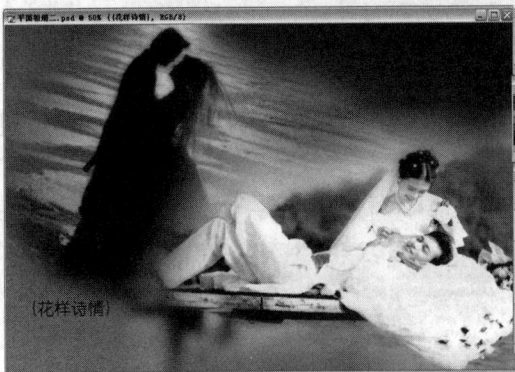

图 6-38　输入文字

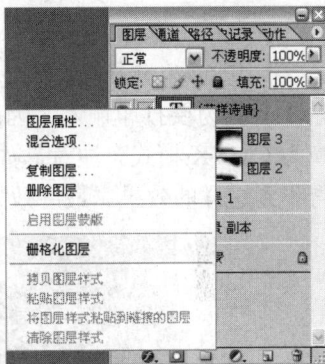

图 6-39　栅格化图层

(9) 按住 Ctrl 键，并单击当前图层，此时会形成一个包围在文字外的选区，使用【渐变工具】，选择合适的颜色，拉出一条渐变，给文字添加颜色，得到如图 6-40 所示的效果。双击文字所在图层，给图层添加"发光"和"内发光"样式，得到如图 6-41 所示的效果。如果效果不明显，可以对此图层进行复制。

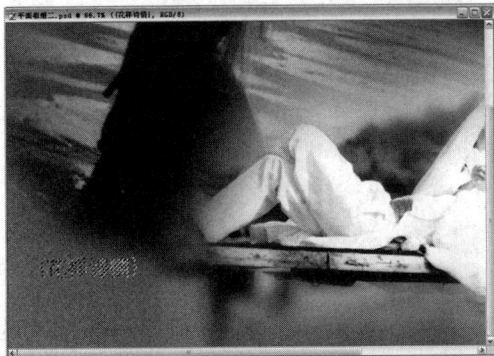

图 6-40　编辑文字图层

图 6-41　给文字图层添加样式

(10) 继续为画面添加文字。新建三个图层，在工具箱中选择【画笔工具】，选择如图 6-42 所示的画笔，在不同的图层点击进行修饰。对这些图层调整不透明度，并添加"发光"样式。完成后的最终效果如图 6-43 所示。

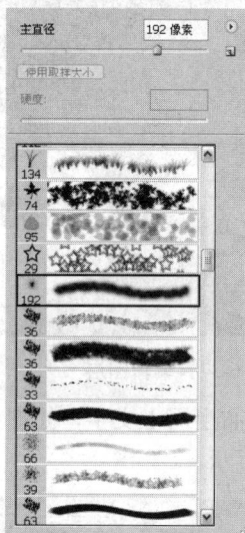

图 6-42　选择画笔　　　　　　　　　图 6-43　使用画笔绘制图形并进行编辑

(11) 因为要打印输入，因此最终执行【图像】→【模式】→【CMYK 颜色】，将图像转换为 CMYK 模式。注意，如果一开始就使用 CMYK 模式，在更改图层的混合模式时可能得不到这样的效果。最终效果如图 6-44 所示。

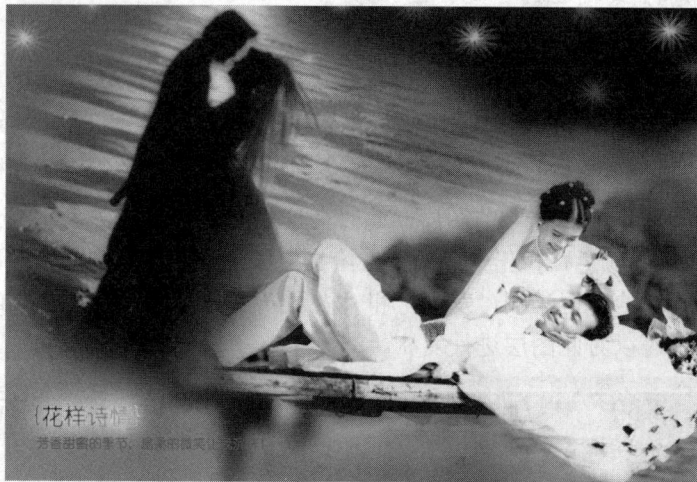

图 6-44　最终效果

6.2.3　平面相册实例三

本案例的制作步骤如下：

(1) 新建一个空白文件，在弹出的【新建】对话框中设置参数如图 6-45 所示：宽度为 6 英寸，高度为 4 英寸，分辨率为 300 像素。然后导入如图 6-46 所示的素材。

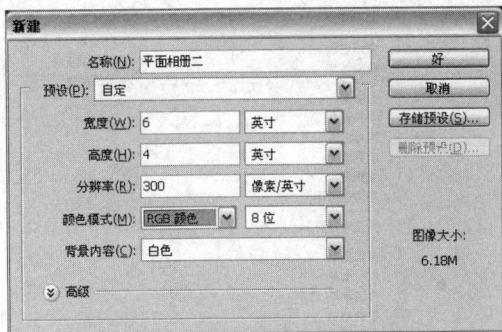

图 6-45　【新建】对话框

图 6-46　导入素材

(2) 对绿叶素材层执行【滤镜】→【模糊】→【动感模糊】命令，弹出如图 6-47 所示的对话框，设置角度为 28 度，距离为 283 像素，得到如图 6-48 所示的效果。

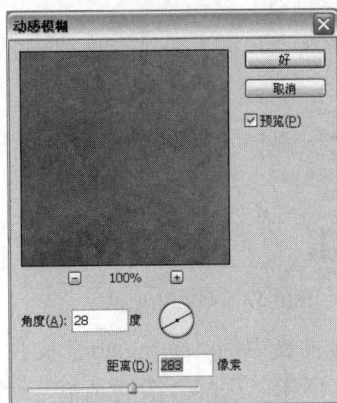

图 6-47　动感模糊对话框

图 6-48　动感模糊效果

(3) 导入如图 6-49 所示的素材二，给图层添加图层蒙版，如图 6-50 所示。使用【画笔工具】，选择画笔颜色为黑色，在蒙版上涂抹，得到如图 6-51 所示的效果。

图 6-49　素材二

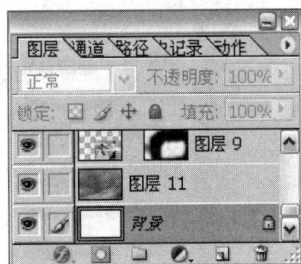

图 6-50　添加并编辑图层蒙版

(4) 在工具箱中选择【画笔工具】，单击属性栏中 画笔: 5 ("画笔预设"选取器)右边的下拉小三角形 ▾ ，在弹出的对话框中点击右边的小三角图标，弹出如图 6-52 所示的菜单。

　　　　　　基于任务驱动模式的 Photoshop 应用设计教程

图 6-51　编辑蒙版后的效果

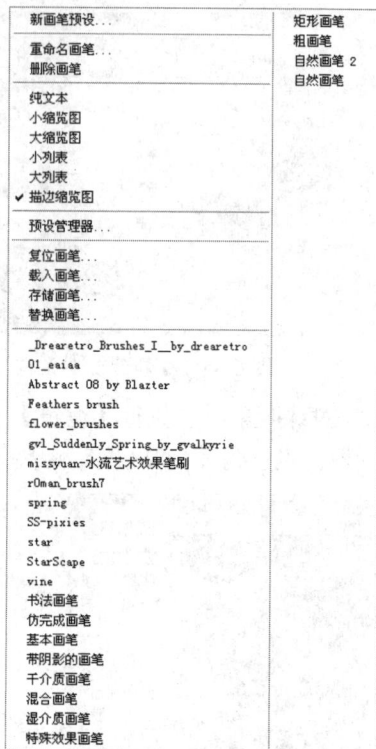

图 6-52　画笔选项菜单

(5) 在图 6-52 所示的菜单中选择【载入画笔】，然后将文件夹中的"spring.abr"文件载入，此时在画笔形状中就有刚刚载入的画笔样式，如图 6-53 所示。选择合适的画笔，编辑其形状和大小，在新建的图层上绘制如图 6-54 所示的图形，并给此图层添加发光样式。

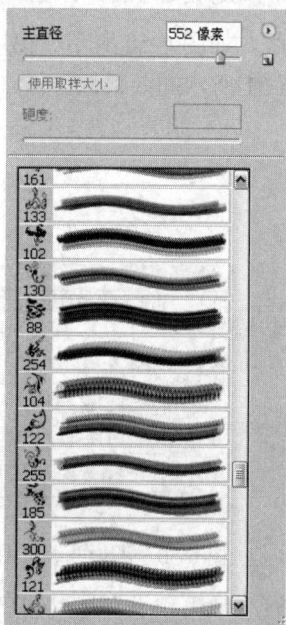

图 6-53　画笔预设选取器

图 6-54　使用画笔绘制图形

(6) 用同样的原理，在不同的图层选择不同的画笔样式进行绘制，效果如图 6-55 所示。之后导入如图 6-56 所示的素材和其他两幅素材。

图 6-55 使用不同的画笔样式绘制图形

图 6-56 示例图片

(7) 对导入的素材进行自由变换，改变其大小与位置，并适当地添加蒙版，效果如图 6-57 所示。

图 6-57 添加素材并编辑

(8) 选择【多边形工具】，在工具选项栏中设置如图 6-58 所示的参数，新建一层，在画面上绘制星型，并适当调整不透明度，效果如图 6-59 所示。

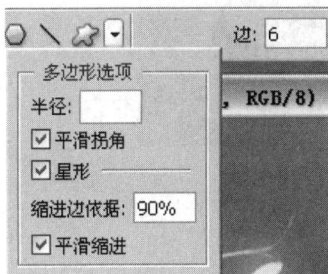

图 6-58 多边形工具参数设置

图 6-59 使用多边形工具绘制图形

(9) 选择【钢笔工具】，在图中绘制如图 6-60 所示的路径，然后在路径面板选择"使用画笔描边路径" ⊙，如图 6-61 所示。选择画笔工具，在路径形成的线条上进行点缀，如图 6-62 所示。

图 6-60　使用钢笔工具绘制路径

图 6-61　路径面板

图 6-62　使用画笔绘制图形

(10) 使用【文字工具】对画面进行点缀，最终效果如图 6-63 所示。

图 6-63　最终效果

第七章　网页静态页面设计与制作

要点难点

要点：
- 静态页面基础知识；
- 网页制作案例操作；
- 网页界面切割、存储成网页格式操作。

难点：
- 网页制作。

难度：★★★★

技能目标

- 了解静态页面基础知识；
- 掌握网页制作案例操作；
- 掌握网页界面切割、存储成网页格式操作。

7.1　网页设计静态页面基础知识

1. 静态页面

静态页面设计不包含在服务器端运行的任何脚本，其内容形式固定不变。静态网页设计就是利用静态网页中所包含的元素，对网页进行美化处理，力求使网页界面美观舒适，为网页所承载的内容提供一个良好的展示环境，达到最好的展示效果。

静态网页在公共网站、政府网站中的使用最为广泛。

2. 网页界面的组成部分

(1) Logo 标记：它是站点特色和内涵的集中体现，看到 Logo 就可联想起站点。Logo 的设计创意来自网站的名称和内容。一个成功的 Logo 标记可以提升企业形象，提高站点的知名度，如搜狐 、新浪 、百度 ，但同样有一些个人网站不设计 Logo 标记。

(2) 导航条：起着在各网页间导航的作用，具有交互性。

(3) 横幅(Banner)：可以是动态或静态的，起着广告宣传的作用。Banner 的设计首要目的是吸引浏览者的目光，引起浏览者浏览网页的欲望，然后就要展示信息。因而 Banner 的设计无论从构图到色彩，从表现形式到文字的运用，都需要一定的技巧。

(4) 文字：包括链接文字和信息文字。文字是网页的重要组成部分，是信息量的重要载体，正确地设置文字字体、字号、颜色，不仅关系到网页的美观，还对阅览及信息的表达有直接的影响。

(5) 图形图像：网页中图形图像的运用除了传递信息外，还能提高网页的阅读性，增强网页美感。图形图像可运用到背景、按钮等网页元素中。

3. 网页的几种布局形式

(1) "国"形布局：网页布局呈"国"字形，是一些大型网站喜欢采用的类型，上面是网站的标题以及横幅广告条，接下来是网站的主要内容，左右分列两小条内容，中间是主要部分，最下面是网站的基本信息、联系方式、版权声明等。

(2) "厂"形布局：网页上面是标题及广告横幅，接下来左(右)侧是一窄列导航链接，右(左)列是很宽的正文，下面可以有一些网站的辅助信息

(3) "工"形布局：与"厂"形布局类似，上面是标题及广告横幅，下面是左右等宽的正文区，最下面是网站的一些基本信息、联系方式和版权声明等。

7.2　网页静态页面设计案例操作

1. 网站首页设计

网站首页设计效果如图 7-1 所示。

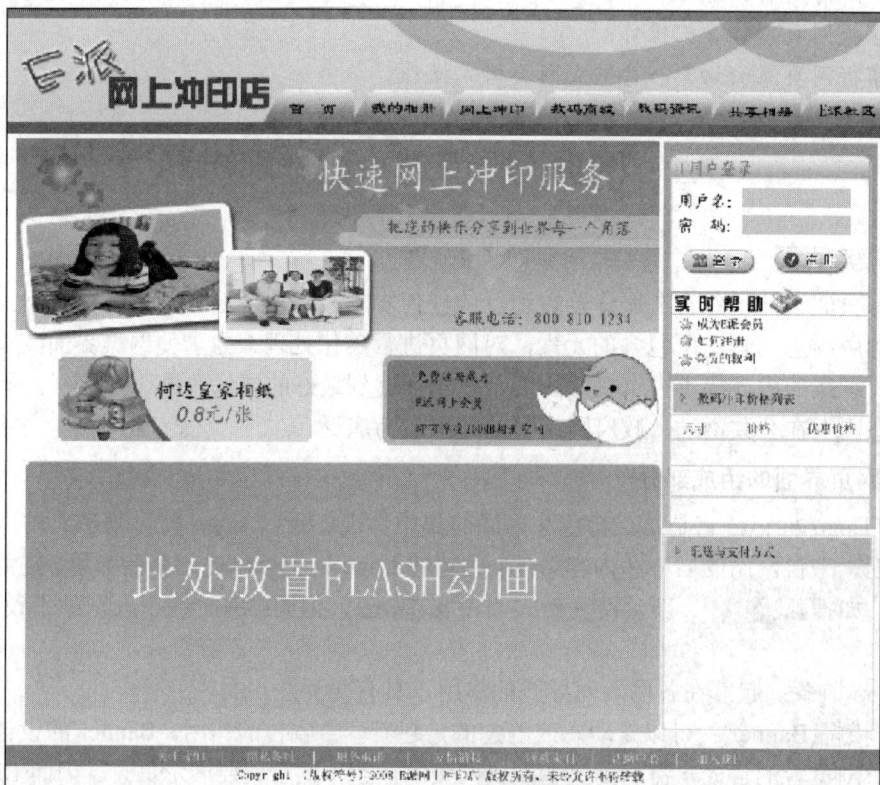

图 7-1　网页首页设计效果

网站首页设计的操作步骤如下：

(1) 新建 Photoshop 图像文件，参数设置如图 7-2 所示。

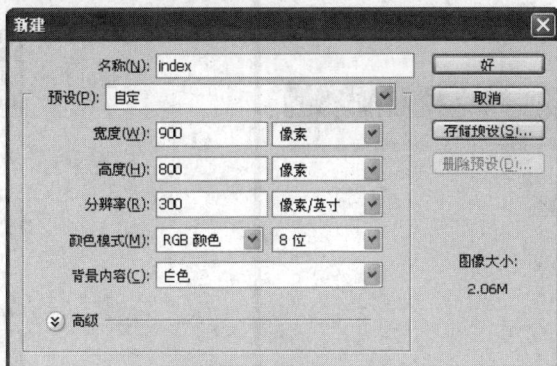

图 7-2　新建文件

(2) 在页面设计中将有很多图层产生，为了快速找到每个对象所在的图层，除了将图层重命名外，很重要的工作就是给图层分组，然后根据图层对象在网页中的位置，将系列图层放到相应组中。在图层面板上点击"创建新组"按钮，给新组命名为"top"，在页面设计中可将所有网页头部所用图层全部放置在该组中。将在"top"组下的新图层重命名为"bg"，在图像窗口中用【矩形选框工具】绘制出一个矩形，将前景色设置为"R：235，G：255，B：204，H：84°，S：20%，B：100%"，按组合键 Alt + Delete 给选区着前景色。

(3) 新建图层并重命名为"line1"，设置前景色为"R：152，G：203，B：0，H：75°，S：100%，B：80%"，选择【矩形选框工具】，在图像窗口顶部创建一个细长的矩形选区，按组合键 Alt + Delete 给选区着前景色。效果如图 7-3 所示。

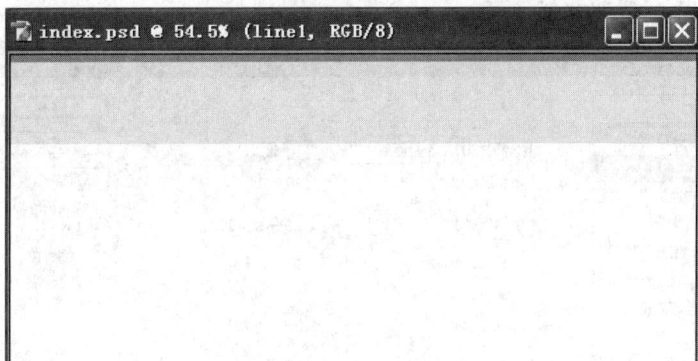

图 7-3　执行步骤(2)、(3)后的效果

(4) 新增图层"line2"，在该图层中运用【椭圆选框工具】绘制出一个椭圆，同时点击【椭圆选框工具】选项栏的"从选区减去"按钮，在刚才绘制的椭圆内绘制出第二个椭圆，如图 7-4 所示。按组合键 Alt + Delete 给选区着前景色，移动图层 line2 中的圆圈到网页上部。按组合键 Ctrl + J 复制图层 line2，产生 line2 副本。在 line2 副本图层中，按组合键 Ctrl + T 改变椭圆圆圈对象，并移动对象到网页的上部。在图层面板中调整图层 line2 和 line2 副本层的不透明度为 32%。效果如图 7-5 所示。

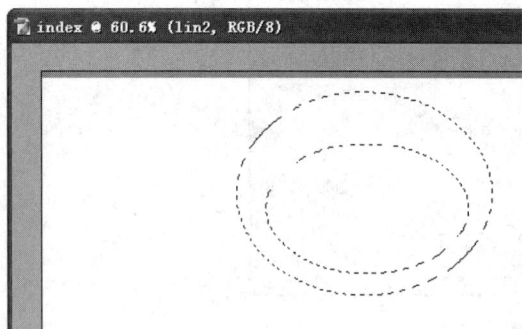

图 7-4　两个椭圆选区产生的效果　　　　图 7-5　执行步骤(4)后的效果

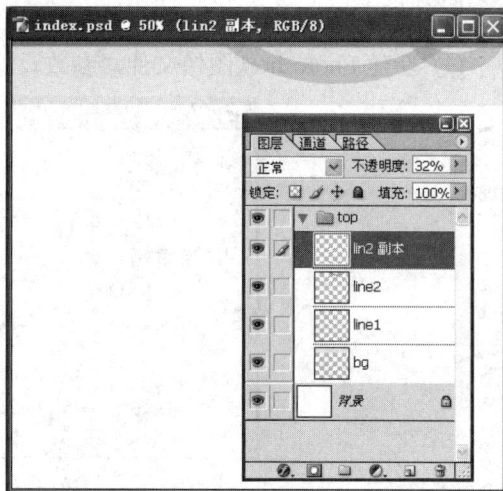

提示：该步骤完成的是网页上两个弧度的图像，这两个弧度完全可以用钢笔工具绘制出路径，再在【路径】面板中点击"将路径作为选区载入"按钮，将路径形成选区，然后给选区着色。

(5) 选择文本工具，设置文字字体、字号和颜色。这里将字体选择为"华康少女文字"，字号为 12，颜色为"#ff0000"，在字符面板中设置 **T** 为 120%，为 20。在图像窗口中输入"E 派"，按组合键 Ctrl＋T 调整文本相对水平的角度，并用【移动工具】将文本移动到合适的位置，在文本图层添加图 7-6 和图 7-7 所示的图层样式，设置后的效果如图 7-8 所示。

提示：这里使用的字体并不是 Windows 自带的字体，用户可使用其他的字体取代，同样也可安装字体库，增加新的字体。

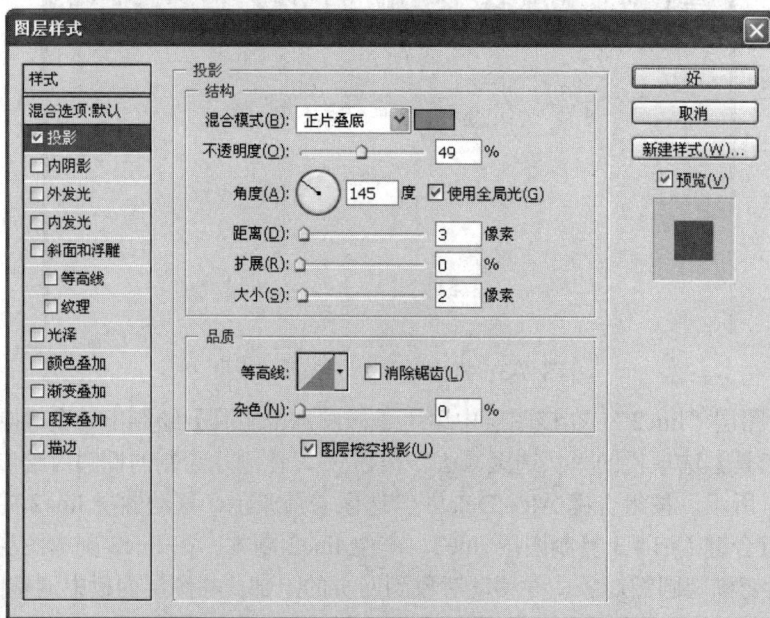

图 7-6　设置投影样式

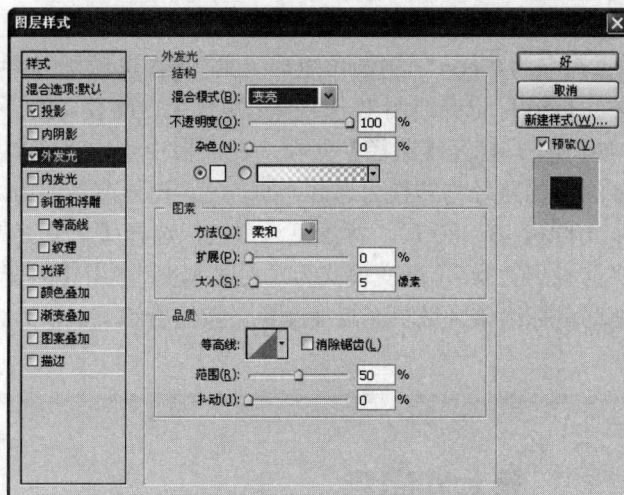

图 7-7　设置外发光样式(设置发光颜色为白色)

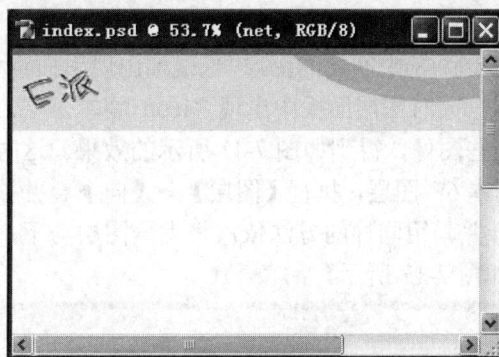

图 7-8　执行步骤(5)后的效果

(6) 选择文本工具，设置文字字体、字号和颜色。这里将字体选择为"经典综艺体简"，字号为 8，颜色为"#0000ff"，在【字符】面板中设置字符样式为"仿粗体"。在图像窗口中输入文本"网上冲印店"，并用【移动工具】将文本移动到合适的位置。效果如图 7-9 所示。

图 7-9　Logo 标记最终效果

(7) 新增图层"line3"在该图层中用【矩形选框工具】在网页 logo 标记下绘制出细长条矩形区域，设置前景色为"R：72，G：187，B：34，H：105°，S：82%，B：73%"，用前景色填充该区域。

(8) 新增图层并重命名为"icon"，用圆角矩形工具 ，在选项栏中选择"路径"按钮 ，半径设为 8 px，在网页 logo 标记旁绘制出一个圆角矩形闭合路径，如 。再用直接选择工具 调整路径，如 。打开【路径】面板，在面板中点击"将路径作为选区载入"按钮 ，这时刚才绘制的路径将转换为选区，如 。设置前景色为"R：152，G：203，B：0，H：75°，S：100%，B：80%"，背景色为白色，选择【渐变工具】，在工具栏中选择颜色渐变模式为"前景到背景"，渐变模式为"对称渐变"，用【渐变工具】在刚才产生的选区中从下往上拖动鼠标给该区域填充渐变颜色。按组合键 Ctrl + T 对该区域进行调整。效果如图 7-10 所示。

图 7-10　执行步骤(7)、步骤(8)得到的效果

(9) 按住 Alt 键，单击步骤(8)中产生的图像，当鼠标出现黑白重叠的双箭头时拖动图像，即产生一个该图像的副本，同时图层面板中出现"icon 副本"层。用同样的方法复制出 6 个这样的图像，排列好这些图像，得到如图 7-11 所示的效果。这时可以看到图层面板如图 7-12 所示。选择"icon 副本 6"图层，执行【图层】→【向下合并】命令，将"icon 副本 6"与"icon 副本 5"图层合并。用同样的方法依次将上一图层与下一图层合并，最后将所有的 icon 层合并成一层，如图 7-13 所示。

图 7-11　排列后效果

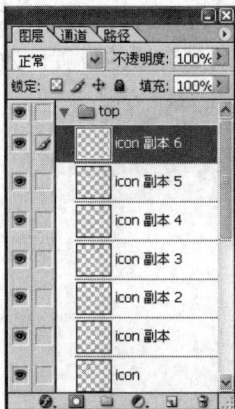

图 7-12　图层合并前　　　　图 7-13　图层合并后

(10) 选择【文本工具】，设置字体为"隶书"，颜色为"#000000"，字号为"4 点"，分别在按钮图像上输入"首页"、"我的相册"、"网上冲印"、"数码商城"、"数码资讯"、"共享相册"、"E 派社区"，并用移动工具调整文本位置，这样一个网页的导航就完成了。效果

如图 7-14 所示。

图 7-14　添加、调整文本后效果

（11）新增一个组"top-left"，在该组中新增图层"bg"，在"bg"图层中用矩形【选框工具】绘制出一个矩形选区，设置前景色为"R：152，G：203，B：0，H：75°，S：100%，B：80%"，设置背景色为"R：226，G：238，B：138，H：67，S：42，B：93"。选择【渐变工具】，在工具栏中选择颜色渐变模式为"前景到背景"，渐变模式为"线性渐变"，用【渐变工具】在矩形选区中从上往下拖动鼠标给该区域填充渐变颜色。效果如图 7-15 所示。

图 7-15　渐变填充后效果

（12）新增图层"bfl"，选择【形状工具】，在选项栏中点击"填充像素"按钮 □，选择"形状"为 形状：✖️·（蝴蝶），设置前景色为"R：187，G：220，B：66，H：73，S：70，B：86"。用设置好的【形状工具】在上一步完成的矩形图像上绘制大小、位置不同的蝴蝶图案。将"bfl"层不透明度设置为 42%，效果如图 7-16 所示。

图 7-16　绘制蝴蝶后的效果

（13）新增图层"leaf"，选择【形状工具】，设置步骤与上一步骤相同，只将"形状"选择为 形状：❀·（三叶草），用该工具在矩形区域上部绘制一棵三叶草。按 Ctrl 键点击图层面板中的"leaf"图层，在图像窗口中便显示三叶草图形选区。选择【渐变工具】，设置前景色为"R：250，G：230，B：80，H：53，S：68，B：98"，设置背景色为"R：212，G：142，B：9，H：39，S：96，B：83"，在"渐变工具"选项栏中设置颜色渐变模式为"前景到背景"，渐变模式为"径向渐变"，从三叶草选区的中心往边缘拉动鼠标，给选区填充径向渐变颜色，取消选择。复制"leaf"图层，用自由变换命令调整三叶草的大小和相对水平线的角度，调整后效果如图 7-17 所示。

图 7-17　最后调整效果

(14) 选择【文本工具】，设置字体为"楷体"、字号为"9 点"、颜色为"白色"，在矩形区域中输入文本"快速网上冲印服务"。

(15) 新增图层"shade1"，选择【圆角矩形工具】，设置前景色为"#E2EE89"，绘制圆角矩形图案。新增图层"shade2"，设置前景色为"#E2EE89"，绘制另一个圆角矩形图案。

(16) 选择【文本工具】，设置字体为"楷体"、字号为"4 点"、颜色为"#FD3A57"，在圆角矩形区域中输入文本"把您的快乐分享到世界每一角落"。

(17) 选择【文本工具】，设置字体为"楷体"、字号为"4 点"、颜色为"#0666DD"，在矩形图像的右下角输入"客服电话：800 810 1234"，调整步骤(14)～(17)制作的对象，调整后的效果如图 7-18 所示。

图 7-18　调整后的效果

(18) 新增图层"pics1"，选择【圆角矩形工具】，设置前景色为白色，用该工具在矩形方框左下角部位绘制一个圆角矩形。给"pics1"图层添加投影图层样式，样式设置对话框如图 7-19 所示。

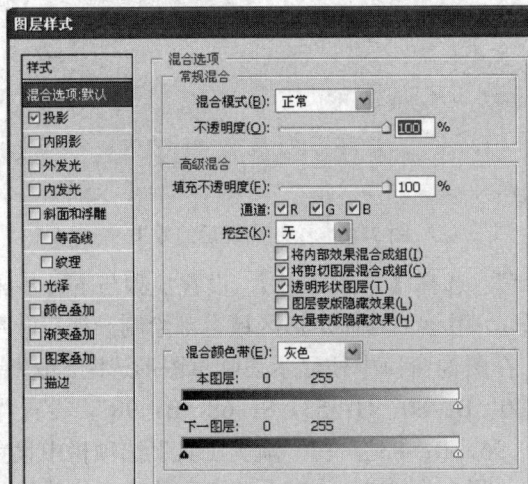

图 7-19　投影图层样式设置

(19) 新增图层"pics2"，参考步骤(18)在刚绘制的圆角矩形旁绘制另一个圆角矩形。添加参数设置相同的投影图层样式。调整两个圆角矩形的大小和位置，调整后效果如图 7-20 所示。

图 7-20　圆角矩形调整后的效果

(20) 新增图层"pics3"，选择【圆角矩形工具】，设置前景色为"#EBEBEB"，在矩形方框下面绘制一个圆角矩形。

(21) 选择【文本工具】，设置字体为"楷体"、字号为"5 点"、颜色为"黑色"，输入文本"柯达皇家相纸"。再次使用【文本工具】，将文字颜色设置为"#FC5655"，输入文本"0.8 元/张"，效果如图 7-21 所示。

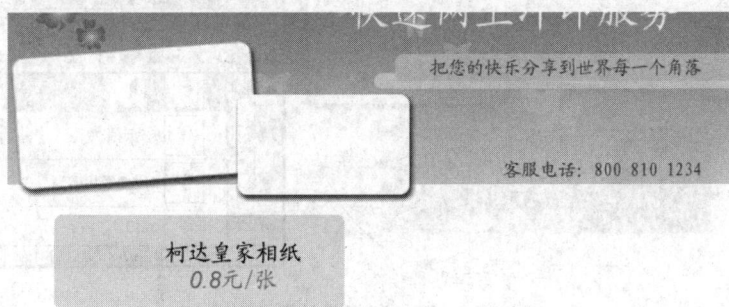

图 7-21　文本设置后的效果

(22) 新增图层"pics4"，激活该图层，同时按住 Ctrl 键点击"pics3"图层，显示选区后，将前景色设置为"#FC5655"，用前景色对该区域进行填充。注意，红色的圆角矩形在图层"pics4"上，效果如图 7-22 所示。

图 7-22　填充后的效果

(23) 激活图层"pics4"，点击图层面板下的"添加矢量蒙版"按钮 给图层添加蒙版。

在蒙版上添加如图 7-23 所示的选区，给选区填充黑色，产生蒙版效果，如图 7-24 所示。

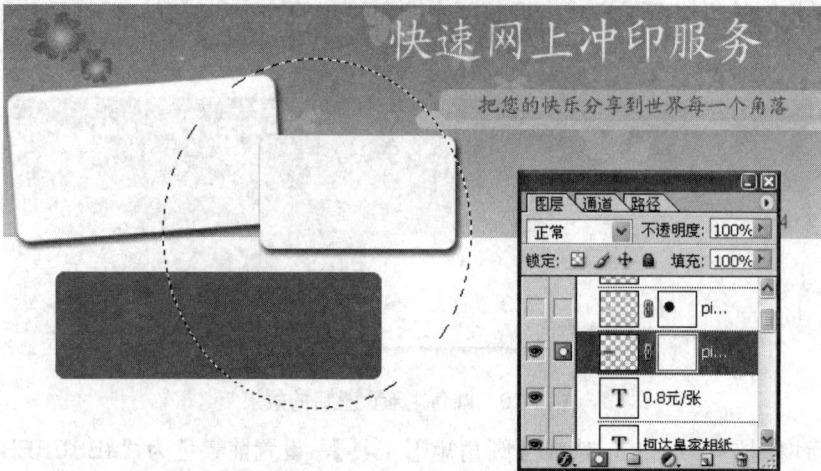

图 7-23　添加选区

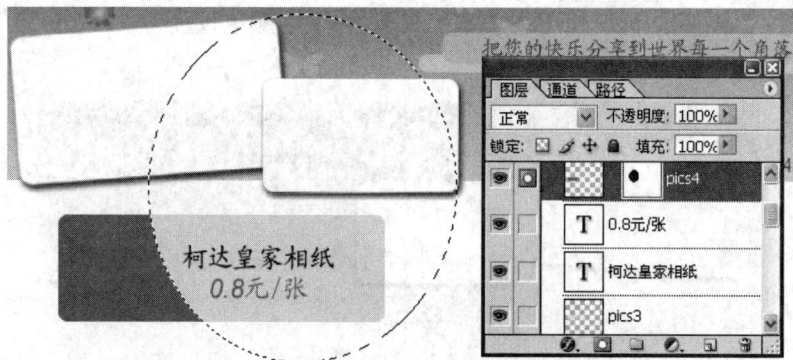

图 7-24　添加蒙版后的图像效果

(24) 用步骤(22)、(23)的方法，在图层"pics4"上新建图层"pics5"，绘制圆角矩形并填充颜色为"#F3FE0E"，添加蒙版后的效果如图 7-25 所示。

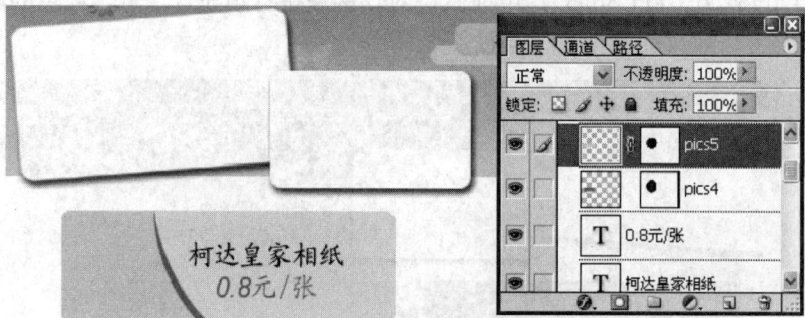

图 7-25　添加蒙版后的图像效果

小提示：对于图 7-25 中添加蒙版后的红色弧形小区域，可以用钢笔工具绘制出闭合路径，再将路径作为选区载入，对选区进行颜色填充。

(25) 打开"child.jpg"图像文件,将图像中的"小孩"图片用【移动工具】移动到网页图像文件中。调整大小和位置后效果如图 7-26 所示。

图 7-26　图像调整后效果

(26) 新增图层"pics6",设置前景色为"#9ACC04",用【圆角矩形工具】在刚才绘制的圆角矩形右边绘制另一个圆角矩形,大小与左边的大小相当。执行【编辑】→【描边】命令,设置描边宽度为 5 像素,颜色为"#F3FE0E"。填充后效果如图 7-27 所示。

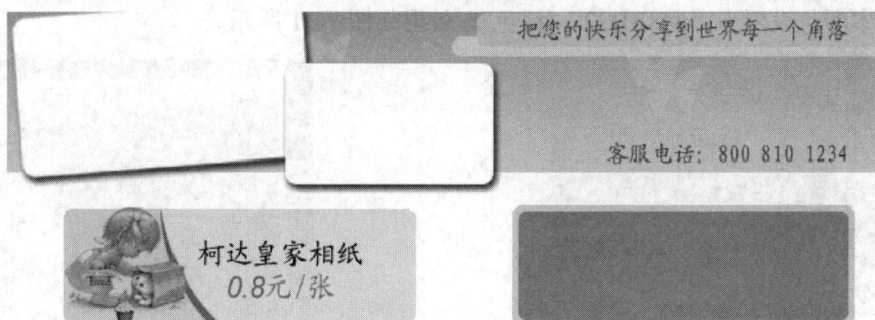

图 7-27　描边后效果

(27) 打开图像文件"egg.jpg",用【磁性套索工具】沿图像文件中的"小鸡和鸡蛋"图案绘制出选区,产生闭合选区后用【移动工具】将图案移动到网页图像文件,添加文本。最后效果如图 7-28 所示。

图 7-28　添加图案后的效果

(28) 创建新组"center",在该组下添加图层"flash",设置前景色为"#E1EE89"(淡黄色),背景色为"#C1DE4D"(淡绿色)。选择【圆角矩形工具】,拖动鼠标绘制一个圆角矩形的路径，然后按 Ctrl + Enter 键将路径转换为选区，接着利用【渐变工具】从上到下填充前景到背景的线性渐变，效果如图 7-29 所示。

图 7-29　填充渐变后的圆角矩形

(29) 创建新组"vip"，在该组下添加图层"bg"，在网页界面右边绘制渐变填充的矩形方框，方法与颜色设置与步骤(28)相同。效果如图 7-30 所示。

(30) 在矩形方框中添加灰色线框，同时在顶部绘制圆角矩形路径，将路径转换为选区后，单击"网页导航"按钮的颜色和样式对其填充，并在圆角矩形上输入文本"I 用户登录"，文本颜色设置为"#48BB22"(绿色)。效果如图 7-31 所示。

图 7-30　矩形方框填充后效果　　　　　　　图 7-31　线框与文本设置后效果

(31) 添加新的图层，在新的图层中绘制前景色为两个白色的矩形，并在上一个白色矩形中制作登录的模拟界面，下一个矩形放置实时帮助信息。进行相应的设置后，效果如图 7-32 所示。

(32) 绘制第三个白色矩形，并在其上绘制小的淡绿色(#DBEB7D)矩形，绘制灰色线条作为表格的形式边线，在其上输入文本"尺寸、价格、优惠价格"，文本颜色可设置为"#EB0705"(红色)。效果如图 7-33 所示。

图 7-32 登录界面设计

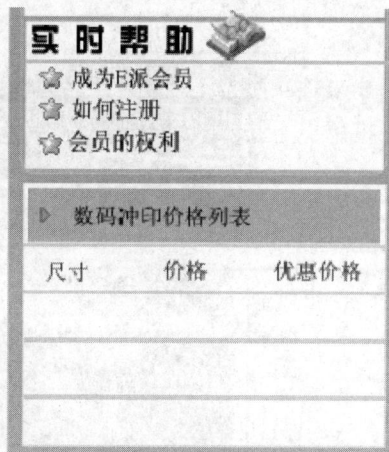

图 7-33 第三个白色矩形

(33) 在第三个白色矩形下方绘制灰色线框，线框绘制可用【矩形工具】绘制出路径，再按 Ctrl + Enter 键将路径转换为选区，用【编辑】→【描边】命令给选区描 1 像素灰色 (#EBEBEB)的实线。在线框中绘制淡绿色(#DBEB7D)矩形，输入黑色文本"配送方式与支付方式"。效果如图 7-34 所示。

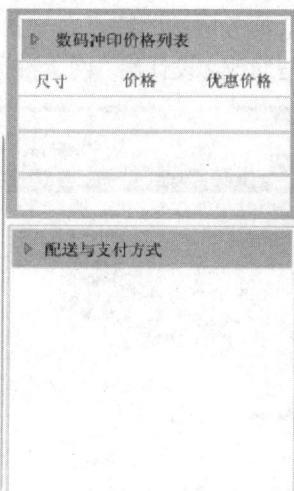

图 7-34 配送框的设置

(34) 创建新组"btm"，将显示网页底部信息的图层全部放在该组中，用【矩形工具】绘制颜色为"#9ACC04"的矩形，再用【文本工具】设置文字字体为"宋体"、字号为"3 点"、颜色为白色，输入文本信息。增加一层，在输入后的文本信息间用【直线工具】绘制白色的短线。效果如图 7-35 所示。

图 7-35 矩形颜色与文本添加、直线绘制后效果

(35) 在刚绘制后的绿色矩形条下添加网页的版权等其他信息，这样一张网页的主页就基本完成了，最后可针对自己的设计做稍许的修改和修饰。最终效果如图 7-36 所示。

图 7-36　最终效果

2．网页子页设计

　　这里设计的是一个商务网站，商务网站的特点之一就是网页间的风格基本一致，因而可以在主页设计的基础上适当做些修改，设计出"网上冲印"的子页。效果如图 7-37 所示。

图 7-37　最终设计效果

　　网页预设计的操作步骤如下：

　　(1) 打开之前设计的主页 Photoshop 文件，将该文件另存为"internet.psd"，作为子页。接下来的设计就可以在这个基础上进行修饰。

　　(2) 打开【图层】面板中的"top-left"组，根据图 7-38 所示，删除该组中不需要的图层，同时将文字层栅格化使其变成普通的像素图层，将所有图层合并。注意，使用蒙版的图层被合并时会出现如图 7-39 所示的对话框，这时应点击【应用】按钮。然后移动对象到网页的底部，效果如图 7-40 所示。

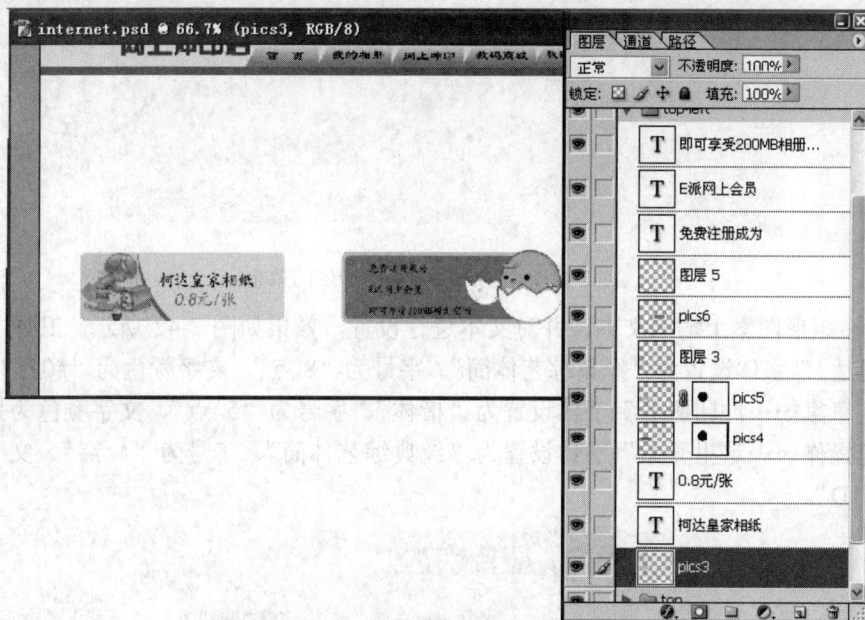

图 7-38　　"top-left"组中保留下的图层

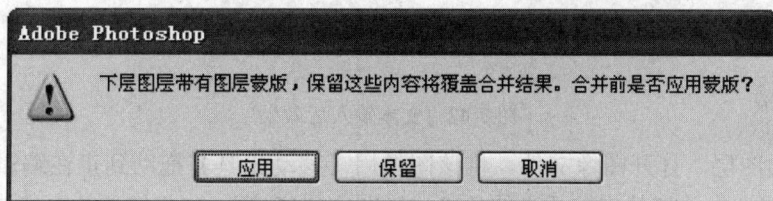

图 7-39　合并使用蒙版图层时出现的对话框

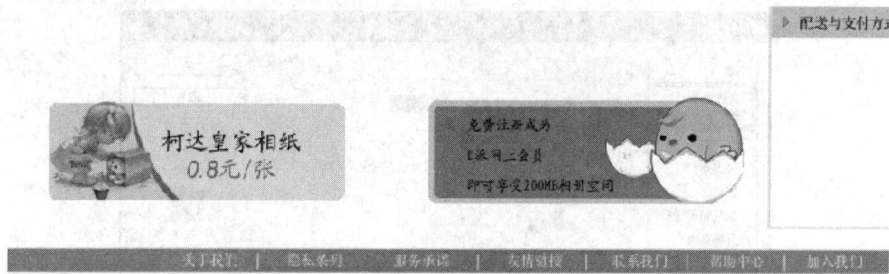

图 7-40　移动对象后看到的效果

　　(3) 在"top-left"组中新增一层"bg"，用【矩形工具】绘制一个矩形路径，将路径转换为选区后，给选区填充灰色(#D7D7D7)。再新增一层"line"，在该层中用【矩形工具】绘制一个相同的矩形路径，将路径转换为选区。将前景色设置为"#FEE600"，背景色设置为"#FFFF88"，选择【渐变工具】给选区添加从前景色到背景色的线性渐变，添加渐变时将鼠标从左上角拖到右下角，调整图层"line"中矩形的倾斜度，产生的效果如图 7-41 所示。

图 7-41 调整图层倾斜度产生的效果

(4) 在矩形图案上输入文本,并对文本进行设置,效果如图 7-42 所示。其中文本"足不……送达!"字体设置为"经典综艺体简"、字号为"8 点"、文字颜色为"#0757EC";文本"柯达皇家……冲印服务"字体设置为"楷体"、字号为"5 点"、文字颜色为黑色;文本"快速操作……这里开始"字体设置为"经典综艺体简"、字号为"4 点"、文字颜色为"#FE1F1D"。

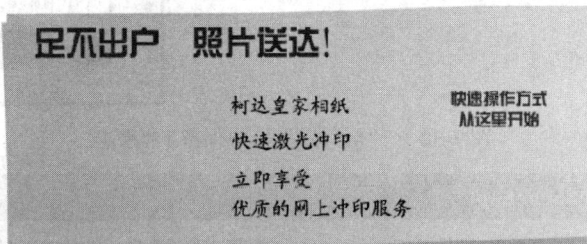

图 7-42 文本输入后效果

(5) 添加图层,打开图像文件,将该图像用【移动工具】拖动到正在编辑的网页图像文件中,调整大小并将其旋转适当的角度,给图案描宽度为"6"像素的白色边框,最后给图层添加投影图层样式,样式参数设置如图 7-43 所示,效果如图 7-44 所示。

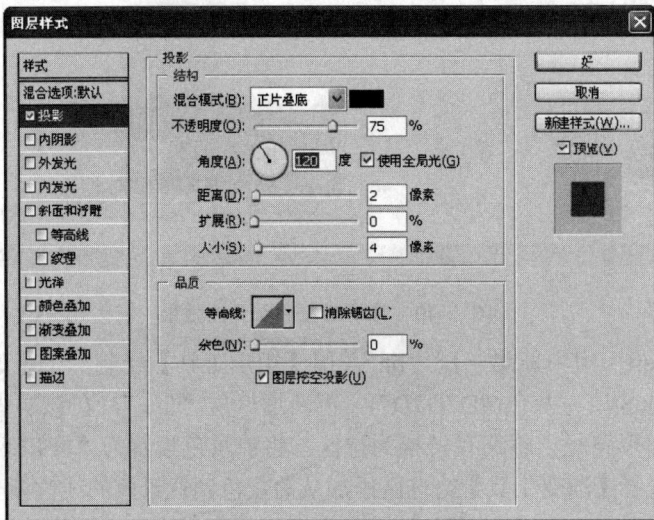

图 7-43 投影图层样式参数设置

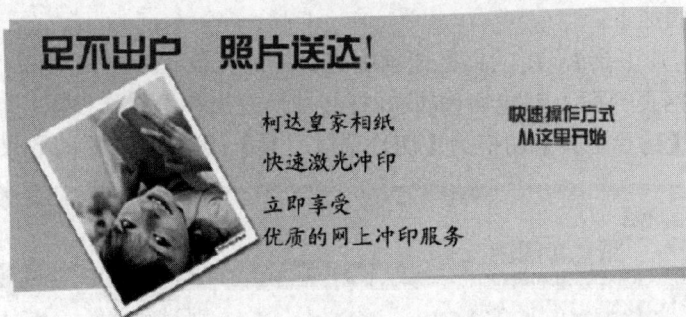

图 7-44　添加图层样式后的效果

(6) 按照前面的方法完成如图 7-45 所示的效果图，其中边线的颜色为绿色(#9ACC04)，文本颜色为黑色，文本"网上冲印三部曲"后的小图案颜色从左往右分别为"#FE06F8"、"#FE0E3D"、"#9ACC04"，小箭头的颜色也为"#9ACC04"。

图 7-45　效果图

(7) 对编辑好的页面进行最后的调整和修饰，最终效果如图 7-46 所示。

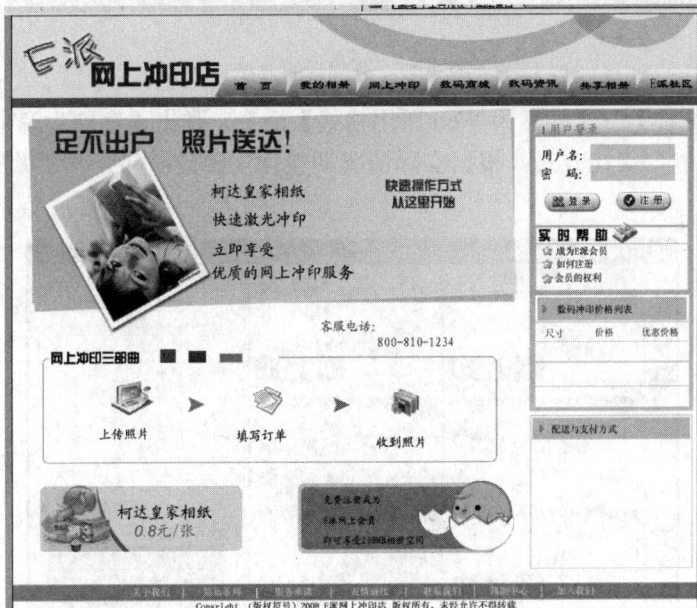

图 7-46　网上冲印店之网上冲印页面最终效果

3．将完成的网页界面分割并存储成网页格式

将完成的网页界面分割成多个较小的切片，每一个切片在存储时会存储为独立的文件。这样在用户访问该网页文件时，访问速度可以大大提高。

具体操作步骤如下：

(1) 选择【切片工具】，在工具栏选项中将"样式"设置为"正常"，然后用【切片工具】在完成好的网页界面上创建切片(最好打开标尺拉出参考线作参照)。如果要改变切片的大小，可以将【切片工具】切换为【切片选取工具】。分割完成后的效果如图 7-47 所示。

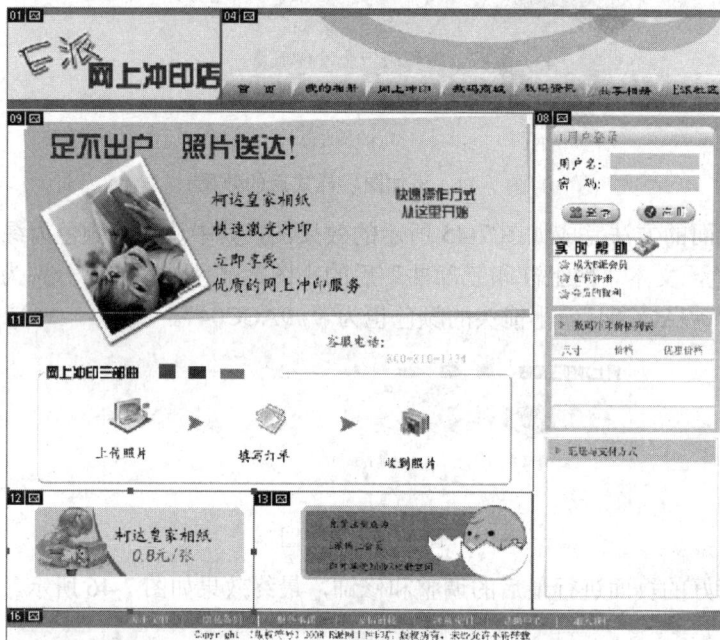

图 7-47　分割后的效果

(2) 选择【文件】→【存储为 Web 所用格式】命令，弹出【存储为 Web 所用格式】对话框，选择"四联"优化方式。根据实际情况调整优化参数，并兼顾图像的质量和大小，如图 7-48 所示。

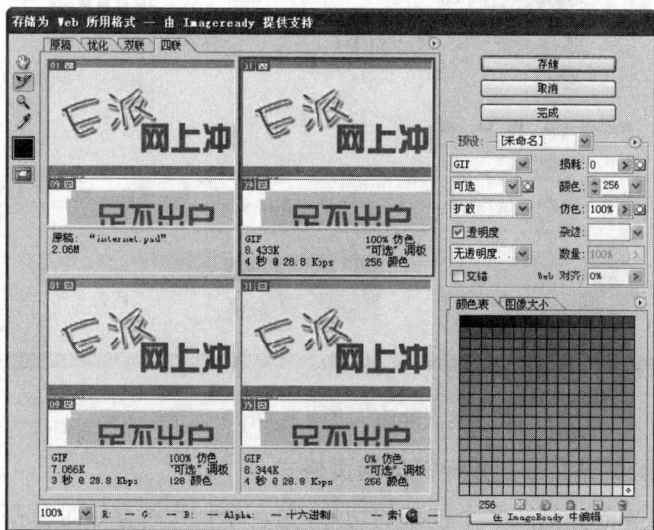

图 7-48　四联优化图像

　　(3) 优化完成后单击【存储】按钮，在弹出的对话框中给文件命名，格式选择默认的 HTML 格式，然后单击【保存】按钮，这样网页就完成了。最后还可以通过网页制作软件进一步加工。

参 考 文 献

[1] 毛志雄. Photoshop 基础与技能实训教程. 北京：北京理工大学出版社，2000

[2] 覃俊，雷波. Photoshop CS 标准教程. 北京：北京科海电子出版社，2000